MBTI

潜能开发和人性攻略

[德] 斯蒂芬妮 · 斯塔尔 | 著
袁少杰 | 译　陈早 | 校译

民主与建设出版社
· 北京 ·

图书在版编目（CIP）数据

MBTI：潜能开发和人性攻略 /（德）斯蒂芬妮·斯塔尔著；袁少杰译. -- 北京：民主与建设出版社，2024.2（2025.1重印）

ISBN 978-7-5139-4476-2

Ⅰ. ①M… Ⅱ. ①斯… ②袁… Ⅲ. ①性格测验—通俗读物 Ⅳ. ①B848.6-49

中国国家版本馆CIP数据核字（2024）第007610号

著作权合同登记号：01-2024-1226

MBTI：潜能开发和人性攻略
MBTI QIANNENG KAIFA HE RENXING GONGLUE

著　　者　［德］斯蒂芬妮·斯塔尔
译　　者　袁少杰
校　　译　陈　早
责任编辑　刘　芳
封面设计　介　桑
出版发行　民主与建设出版社有限责任公司
电　　话　（010）59417749　59419778
社　　址　北京市朝阳区宏泰东街远洋万和南区伍号公馆4 层
邮　　编　100142
印　　刷　河北鹏润印刷有限公司
版　　次　2024年2月第1版
印　　次　2025年1月第6次印刷
开　　本　880mm × 1230mm　1/32
印　　张　8
字　　数　180千字
书　　号　ISBN 978-7-5139-4476-2
定　　价　58.00元

注：如有印、装质量问题，请与出版社联系。

献给我曾经的合著者

以及我亲爱的朋友

梅兰妮·阿尔特

目　录

16 型人格

分析性格似乎是人类娱乐的最高形式。

——艾萨克·巴什维斯·辛格[1]

如果你愿意，可以在开始阅读之前先做一下性格测试。这可以在本书中或我的个人主页 www.stefaniestahl.de 上找到。

如果你无法认同测试结果 90% 以上的内容，可能是时候不到，那么建议你先阅读本书，以便了解基本的概念，然后晚一点再来测。无论如何，祝你阅读愉快且有所收获！

斯蒂芬妮·斯塔尔

---

1 艾萨克·巴什维斯·辛格，美国犹太作家，被称为 20 世纪“短篇小说大师”。于 1978 年获得诺贝尔文学奖。

我究竟是正常还是有点怪

“我就这样！”这句话你听到过多少次？你有多少次说过或者想说这句话？听到或讲出这四个字时，你有多少次是为了解释——在你要这样、偏不那样的情况下，解释你的行为、想法和感受？你有多少次用这句话来解释别人的行为？——“他就这样啊！”

我们知道，人和人不一样，所以人们的行为、想法和感受也不一样。尽管人与人之间有差异天经地义，但我们到底对自己了解多少？虽然每个人都说过：“我就这样！”“我偏偏不这样！”但如果有人想声称他对自己了如指掌，那他不是太天真就是太傲慢。是什么构成了“我”？为什么我是现在这个样子？为什么我偏偏有这样的行为、想法和感受？我是正常的，还是有点“跑偏”？我是特别的，还是普通的？我是天生如此吗？我的父母要对我的现状负责吗？为什么我会被某些人吸引，而对其他人完全没有化学反应？几乎每个人都会问诸如此类的问题。

想象一下，如果你能乘坐电梯沉入你的无意识里，冷静地进入控制室，观察每台控制着你的行为、思想、情感、决定和觉知的机器。再想象一下，在此过程中，你不仅可以了解你的人格机制和模式，还可以选修一门叫作“人类如何运行”的课程。你还将收到一本个人使用手册和亲友使用手册。可真好啊——不过！也有点儿可怕吧，许多人宁可知道得没那么确切，因为下面可能四散着一些“尸体”，人们并不想被绊倒。谁知道在这个黑暗的地方，在潜意识里，有什么出没？有什么阴影围绕着我们？有什么过去的幽灵在徘徊？我们可不想和它们搭上关系。

你放心，我不会带你去那些你不愿去的内心深处，不会带你进入灵魂最遥远的角落。我也很难做到，毕竟我不认识你。尽管如此，你还是可以了解自己和他人的一些基本模式。因为除了铸造我们本性的个体生活经历和教育经历，所有人都生来配备了一套对我们的人格具有重大影响的基因。心理学和神经心理学发现，某些人格特征人人都具备。它们是天生的，正是这些特征的独特表达（决定性地）造就了我们的个性。本书将探讨这些人格特征及其表现形式。其基础是心理类型学理论，该理论最初可追溯到著名的医生、精神分析学家卡尔·古斯塔夫·荣格，20 世纪 60 年代两位美国人——凯瑟琳·库克·布里格斯和伊莎贝尔·布里格斯·迈尔斯进一步发展了它，并取得了惊人的成果。

本书首次出版于 2005 年。从那时起，我一直在研究这种类型学，它的准确性和深度总让我兴奋不已。这些年来，我获得了许多新知识，并将这些知识补充到后来的版本中。现在，修订后的新版本与我早年写的其他书籍一起出版，它会以一种通俗易懂的方式帮助你了解类型学理论。类型学是发展自我认识和人性认识的绝佳工具，它会帮助我们塑造更和谐、更幸福的人际关系。

我的私人使用说明

本书的一个重要模块是每种人格类型各自的“使用说明”，它可以省去很多麻烦和冲突，并有助于每种人格类型相互理解。“人类的使用说明”？居然有这样的东西？当然，任何指南都不能完全公正地评价任何人的个性、个人经历和发展潜力。然而，类型学理论却有可能为每种人格类型提供使用说明。这很有帮助，并让人耳目一新。因此，在介绍类型学理论之前，我想让你对这种使用说明有一个印象。

首先，它会描述人的基本特征。例如：

尼娜生性开朗，善于交际。她爱说话，而且非常有趣。她也是一个很好的倾听者，因为她对别人的生活很感兴趣。因此，她也很了解人性。尼娜需要亲近和认可，她很难独处，她的大部分灵感和最佳想法都来自与人的接触。她对家人和朋友很用心，但她喜欢回避冲突，因为她对和谐有着极其强烈的需求……

此外，使用说明会对某些重要的生活领域进行讲解，如工作、爱情和两性关系等。例如：

尼娜喜欢良好的工作环境。她非常擅长计划和组织，这比不断灵活应对突发事件更适合她。她的天赋在语言领域，较少在自然科学或技术领域。由于她非常平易近人、非常友善，以及对人性有深入的了解，她在所有与人接触的职业中都能取得成功，如律师、心理学家、护士或客户顾问，即所有以服务为主的职业。她讨人喜欢的性格使她在同事和上司中很受欢迎。她善于承担管理任务，只要她注意……

关于爱情和两性关系，尼娜的使用说明中会说：

尼娜很看重爱情和情侣关系。当她坠入爱河时，通常会很投入。尼娜喜欢浪漫。她比其他类型的人更渴望理想的关系，并希望这种关系始终保持恋爱初期的状态。她倾向于在日常的两性关系中对现实视而不见，这就让她有了危险……

在介绍过尼娜重要的生活领域后，使用说明最后应提出与她打交道的具体建议：

尼娜喜欢思考生活和人际关系。最重要的是，她想了解其中的联系。她对纯技术和事实的话题不太感兴趣。如果你想和她好好谈谈，请不要用太多的事实信息和详细的描述来折磨她，因为这会让她很快感到疲倦和厌烦。尼娜致力于与人和谐共处，有时表面看不出来。然而，这种优势也是她最薄弱的地方：当她的努力得不到认可甚至被误会时，她会感到很痛苦，不被理解让她受不了。所以，告诉她你有多欣赏她的贡献，她会爱听的。如果你想批评她，请谨慎行事，她很敏感。最好先说她的优点……

如此全面的评估怎么可能做到呢？你怎么能在不了解一个人经历的情况下写这么多关于他的事呢？甚或，这样的使用说明只不过是偏见和分类思维！还有更极端的，人类使用手册是一种傲慢，因为它不尊重个体的独特性！

到目前为止，你所读到的内容可能会让你有诸如此类的反对观点。因此，在接下来的章节中，我将向你解释什么是类型学理论。你会发现，这既不是魔术，也不是骗局，更不用在道德上受到谴责。相反，类型学有助于人们更好地相互理解，它基于心理学，非常有意思，并且：好玩儿！

四个心理维度

S o b i n i c h e b e n !

我们天生具有某些禀赋，由于我们童年和成人的经历，这些禀赋会在环境的影响下获得塑造、受到挑战或形成扭曲。例如，一个人的智力就是一种基本的人格特质，其中高达 80% 是由基因决定的。因此，父母只有 20% 的余地来培养孩子的智力。性情也一路伴随着我们，严肃或活泼，迟钝或敏感，胆小或勇敢，不一而足。当然，一个人的性情也受到教育和环境的影响。有些特性具有很高的遗传成分，有些更有可能追溯到教育。例如，性格特征“诚实”属于后者。类型学所处理的特性在很大程度上是由基因决定的。

类型学假设了四个心理维度，它们决定了我们的人格和本质。每个心理维度都有两个理论上的终点和许多中间的层次。

在你更详细地了解这四个维度之前，先整体上看一下：

中文	德文	英文	英文缩写
外向	Extravertiert	Extraverted	E
内向	Introvertiert	Introverted	I
实感	Konkret	Sensory	S
直觉	Abstrakt	Intuitive	N
理智	DenkEntscheider	Thinking	T
情感	FühlEntscheider	Feeling	F
判断	Organisiert	Judging	J
理解	Locker	Perceiving	P

大多数人在每个维度上都倾向于一种或另一种表现，表现的强度因人而异。有些人会在某个维度上处于中间位置，但是大多数人具有非常明显的类型特征。关键是要明白，没有人会只以外向或内向的方式行事，只以实感或直觉的方式感知，只以理智或情感导向的方式做出决定。在每个维度上，我们总是有两种表现，但大多数人都倾向于不自觉地偏爱其中一

种。这就是为什么人们也在类型理论中谈到倾向或偏好。这类似于用手的习惯：大多数人习惯用右手或左手，但也使用另一只手，只不过用得少。类型理论假设这些倾向是与生俱来的，并且在一个人的发展过程中很早就定型了。当然，环境也会影响一个人发展其先天倾向的强度。父母的行为可以抑制或促成孩子某些个性的发展，但是永远无法完全改变孩子的发展方向。教育的影响是有限的。

四个维度，即一个人在每个维度上的表现，决定了我们喜欢什么、不喜欢什么。它们提供了大量关于一个人的行为、思想和情感模式的信息。每个人在每个维度上都倾向于一种表现，因此有 4 × 4 种不同的组合可能性。由此得出 16 种可能的组合，每一种对应一种特定的人格类型，即 16 种人格类型。

我想再次用尼娜说明这一点。她属于：

E 外向　N 直觉　F 情感　J 判断

尼娜是“外向—直觉—情感—判断型”——我为这个长长的像怪物一样的词引入了缩写，并总是用这几个字母来标记。据此，尼娜是ENFJ。反之，如果尼娜是内向的，她就是INFJ。如果她是内向和实感的女人，她就会相应地成为ISFJ，等等。原则应该已经很清楚了：借助本书中的测试，可以确定一个人在每个维度上的倾向，结合由此产生的四种表现并为之提供适当的缩写。但在我们开始寻找类型之前，我会更详细地向你介绍这四个维度。因为这些不仅有助于描述我们的人格，还有助于发现它、塑造它，并在某种程度上使其易于管理。

第一个维度：外向还是内向

如果你不知道外向者在想什么，那你就没有在听！

如果你不知道内向者的想法，你不能问吗？！

——杰克·费特，心理学家

心理学家荣格观察到人可以获得能量的两个基本来源：外部世界或内心生活。荣格将这两种基本来源称为对外导向（außenorientier）和对内导向（innenorientiert）。荣格的观察在今天仍然有效——关于外向和内向的主题有大量的心理学研究。

很少有人非常外向或非常内向，两者之间有很多层级，有些人几乎处于完全中间的位置。近来，这被称为“居中”。外向或内向的人格特质大约有 90% 是由遗传决定的。

外向的人需要大量的外部刺激才能感到兴奋，他们从世界和与人的接触中补充能量。他们不喜欢独处，外部的宁静会让他们很快感到无聊和刺激不足。外向的人喜欢活动，通常有行动的意愿。

反之，内向的人会从内心生活获得很多刺激。他们反思、阅读、看电影，忙着处理心里的事。相对于外向者，他们需要的外部输入少得多，而且很快就会感到刺激过度。他们也喜欢待在人群中，但时不时地需要外部的宁静和内心的平静来给自己充电。

外向或内向是与生俱来的，所以“改造”的空间不大。因此，可以观察到：外向的孩子会迅速而大胆地融入外界——他会去操场和其他人一起玩，他与人社交的进展很快，父母经常警告他不要太相信任何人；内向的孩子则会先在边上观察，然后才和别人一起玩——也许吧，父母经常鼓励他多与他人接触。

内向的孩子永远不会被培养成冒失鬼，哪怕（外向的）父母是最好的榜样。外向的孩子永远不会几个小时默默地埋头读书，哪怕他的（内向的）父母会全情投入地这样做。然而，正因为这些特征是由遗传决定的，所以父母双方都与孩子的类型表现不同的情况很少发生。与我们将考虑的其他人格特质一样，重要的是要注意：

- 人格特质是天生的。你选不了！
- 一种不比另一种好或坏！两者都有其优点和缺点。

外向的人和内向的人大脑的工作方式不同。交感神经和副交感神经是自主神经系统的两个主要对手，这个系统自主运行且只能在有限的范围内受到影响。

交感神经可以说是活跃的神经，它的目标是行动，为身体做好战斗和逃跑的准备。副交感神经是静息神经——它确保身体的再生和休息。交感神经的信使物质（神经递质）是多巴胺，副交感神经的信使物质是乙酰胆碱。外向型（外向的人）由交感神经主导，而内向型（内向的人）更取决于副交感神经。相应地，外向型需要更多的多巴胺才能感到精力充沛和兴奋。多巴胺水平过低时，无聊会让他们感到压力。他们比内向型有更多"行动"的冲动。他们喜欢社交、冒险、有事情做——只要发生点什么。反之，当内向型的乙酰胆碱水平太低时，即输入和"行动"太多时，他们会感到烦躁。

多巴胺释放量增加也会激活外向型的大脑奖励中心（伏隔核）。这意味着，外向型会因为未来将有所回报而努力。他们的大脑渴望刺激。美食、性爱、酒精、收益、职业成功会释放多巴胺，为了感到愉悦，他们比内向型更急需这种物质。为了获得渴望的回报，外向型也愿意冒险。"不入虎穴，焉得虎子"是外向型的典型格言。这有利也有弊，冒险的勇气会让他们收获很多，但如果行动过于草率，也会损失很多。他们喜欢快速行动，然而，这有时会导致他们对待事和人过于敷衍。这一点，再加上愿意冒险，可能会让他们犯下大错。积极的一面是他们拥有勇气和行动力，灵活且适应性强。

一般来说，外向型——多巴胺所决定的，往往比内向型更快乐、热情和亢奋。然而，他们也比内向型更冲动。在压力下，这甚至会激化为攻击性。这是对他们不利的一面。

外向型总体上比忧心忡忡的内向型更大胆，因此，只要认为有必要，他们不会回避对抗。他们比喜欢和谐的内向型更容易与人发生冲突，因此也更自信。这使他们更容易“为自己说话”，即他们可以很好地表达自己的意愿。一般来说，外向型通常（从积极的意义上说）是很好的自我表达者和舞台人。

然而，他们必须小心，不要在与世界的拥抱中耗尽全力。他们往往不易自省，总是因外界的事物而分心，也任其蒙蔽双眼。在这种情况下，外向型也可能会令人非常疲惫：他们只谈论自己，很少倾听，并且表现得强势且以自我为中心。在消极的情况下，他们表现自己的能力会异变为令人讨厌的自编自演。

在内向型的大脑中，奖励中心的作用不如杏仁核重要。杏仁核是恐惧中心。因此，内向型首先需要一种安全感和稳定感才能感到舒适。然而，由于更容易害怕，他们对于外界的信息也更加警觉、小心。他们是精确的观察者，由于这些品质，他们的确比倾向于无忧无虑的外向型更少发生意外。因此，内向型需要与世界保持一定的安全距离。他们是相当安静的同伴，他们让自己的能量在内心发挥作用。

他们常常陷入思考，别人很难知道他们的内心正在想些什么。他们会小心谨慎地度过一生。内向型比外向型更容易被冥想所吸引。他们相对更容易沉浸在自己的世界里，而这会让外向型很快就感到焦躁和无聊。

当内向型对某事感兴趣时，他们会花几个小时集中注意力并完全投入其中。那时，他们不需要别人——有时几天都不需要。总的来说，他们不怎么依赖外界。他们享受自己的私人空间，如果没有足够的时间独处，他们就会变得焦虑。因为他们有能力持久地做一件事，所以他们中的一些人能接受极好的基础教育，并且/或者是一个或多个领域的专家。外向型也可能受过良好的教育并拥有出色的专业知识，但他们并不适合安安静静地把一件事做上几个小时。很多内向型还喜欢写作，他们更容易在写作中表达他们深刻的思想和丰富的内心世界。因此，许多（当然不是全部）作家都是内向的。

内向型不愿意说个人的感受和想法，最多只与亲密的朋友聊一聊。但如果是他们感兴趣的话题，他们就会很乐意讲，而且滔滔不绝。有时，内向型并不像我们认为的那样，比外向型更害羞或更胆怯，他们只是没有那么强的倾诉冲动。然而，因为他们的焦虑水平很高，所以他们比外向型更容易害羞和社恐。内向型可能有迷失在内心世界的风险，会沉迷于白日梦、幻想和不切实际的理论，从而忽略对现实的把握。与非常内向的人交谈会比较艰难，他们的回避有时使其显得很孤僻，甚至是傲慢。

俗话说“异性相吸”，外向型和内向型在选择伴侣时往往被彼此吸引。

艾瑞克和英格尔在银行工作时相识。英格尔很欣赏艾瑞克在与客户和同事打交道时表现出的迷人的开放态度。她觉得他轻松、自信的风度和他平时散发出的好心情非常有吸引力。他让她觉得谈话很轻松，因为他爱说，话也多，不会像她的某些熟人那样，说着说着就尴尬地冷场了。

艾瑞克觉得英格尔安静的性格很有吸引力。英格尔是一个很好的倾听者，当她说些什么时，总是深思熟虑过的。她的独立让他着迷。她很少和同事一起喝咖啡、聊八卦，也很少和大家一起吃午饭。她可以一个人就很自在，但又不会显得孤僻或不友好。

艾瑞克和英格尔相爱了。在他们恋爱的第一年，双方都非常努力地取悦对方。然而，他们不同的关系需求逐渐浮出水面。艾瑞克有很多朋友和熟人，他喜欢社交，总是在寻找娱乐。英格尔喜欢独自或与艾瑞克一起宅在家里，偶尔才邀请亲密的朋友过来吃饭。他们去参加聚会，到了后半场，当艾瑞克还在忙得不可开交时，她会抱怨说她想回家。

他们吵得越来越频繁，艾瑞克指责英格尔是一个“扫兴的女人”，没法从自己的世界里走出来。英格尔会说，他的争强好胜让她厌恶。英格尔吵架时将自己“关闭起来”并缩到“她的墙后面”，而不是解决问题，这也让艾瑞克发疯。反过来，英格尔经常觉得艾瑞克咄咄逼人。和他讨论的时候，她几乎没有时间思考。不知从什么时候起，他们发现对方并不是“固执和不可理喻”，只是艾瑞克外向而英格尔内向。

从那时起，他们就能够更好地理解和尊重彼此的差异性。他们已经安排了固定的时间，在那些天的晚上，他们会一起待在家里。之后，艾瑞克常单独和朋友们出去玩，而英格尔则喜欢在那些晚上独处。在派对上，当英格尔想回家时，就自己打车回去。当存在意见分歧时，艾瑞克也明白了，英格尔先需要时间思考。他们约定第二天再说。

与典型的性别偏见（女性说话不过脑，而男性需要自己处理所有事情）相反，外向和内向的人格特征与性别无关，并且在女性和男性中分布大致相等。“讲话是银，沉默是金。”这句谚语只能由内向的人发明。对于外向的人来说，这句话荒谬至极：“有话不直说，对不起自己！”

问一个外向型一个问题，他会马上回答，有时你还没问完，他就开始回答了。问一个内向型一个问题，他会先想一下（或更长时间）再答。外向型有能力“大声思考”，有时他们一股脑儿地说出来的话连他们自己都惊讶，无论是好是坏。内向型在说话之前则需要清楚他们想说什么。

与此相关的是，当内向型处理困难的问题时，如个人问题——他们必须自己先理解，然后才能谈论。这是外向型和内向型之间的一个常见的误解：外向型敦促他们内向的伴侣更开放、更自发地表达感受和想法，而内向型则因为觉得自己做不到而感到压力。这就是为什么要给内向型足够的时间和空间，这样他就能自我思考，并整理感受和想法。可以说，外向型用语言表达思维过程，而内向型用语言表达结果。

外向型和内向型处理个人问题的方式也不同，外向型心直口快。如果他有烦恼，就会和朋友说。

伊丽莎白失恋了。她内向的朋友伊莎贝尔建议她一个人去海边玩几天。在那里，她可以一个人待着，出去散步，对自己好一点——休息一下。对于外向的伊丽莎白来说，这几乎是被放逐到地狱里了——起码她在那儿要有人陪伴！没有什么比一个人更糟糕的了，现在她最需要的是能倾诉心声的朋友。

很多外向型自责自己太不擅长独处，他们觉得自己过于依赖社交和外部刺激，希望能像内向型那样独立和深沉。反过来，内向型则羡慕外向型的从容和口才。

外向型和内向型的工作风格也不同。内向型可以沉浸在一件事中好几个小时，以至于他们周围的世界都消失了。他们关上办公室的门，不想被打扰。外向型更喜欢处理各种任务，他们喜欢开着办公室的门，随时知道还有什么事发生。在集中精力独自工作一段时间后，他们渴望在现实中或在网络上营造短暂的社交休息时间。一般来说，外向型更喜欢做与人接触的工作，内向型更喜欢做可以自己完成的工作。

你一定在阅读时想过，试图确定你是更外向还是更内向。重要的是，这不是两种完全相互排斥的人格特质。你可以把外向—内向维度想象成从 50℃到 -50℃的温度计。这意味着，有些人非常明显外向或内向（拿温度打比方，大概是 ±45℃），但两者之间可能有许多等级。有些人几乎处于中间状态，外向和内向的行为几乎一样多。无论更倾向于什么，我们总是有相反的一面。也就是说，每个内向的人都会经历外向的时刻。反之亦然。

○ 与外向型打交道的小技巧 ○

- 给外向型时间和空间，让他们通过说话来思考。哪怕他们全程自说自话，最终也会为这场愉快的谈话感谢你。因为当外向型有机会通过说话来想事情时，他会很高兴。
- 在大多数情况下，外向型既不强势也不以自我为中心。如果你没说话，那是你的事，不要埋怨外向型。如果有人打断他们并说出自己的想法，表达欲很强的外向型甚至会心存感激。这样，他们就不用绞尽脑汁去想自己是不是又说得太多了——这绝对是很多外向型的一种自我批评的恐惧。
- 虽然外向型很快就能说起私人的事情，但他们也能像内向型那样对机密守口如瓶。如果外向型问你一个私人问题，不要认为他们没有距离感或想盘问你，他们只是喜欢与人接触，并希望快速找到私交的基础。如果你不想回答，就直接告诉他们，你很欣赏他们的直率，但你需要相处再久一点才能和他们谈私事。
- 如果随意问外向型私人的问题，他们就会觉得你对他们的生活很感兴趣。

- 外向型比内向型更情绪化——尽可能冷静地对待他们的情绪，即使他们有时很冲动。外向型虽然会突然发火，但很快就会消气，通常也不记仇。
- 对于很多外向型来说，开诚布公甚至批评都不是坏事。如果你是内向型，就把外向型当作良好的培训伙伴吧，他们会帮你变得更开放、更容易承受冲突。
- 许多外向型都很有趣，而且是很好的叙事者。因此，有外向型在的时候，内向型可能会觉得自己有点儿无趣和无聊。不要为你的自我表达冥思苦想，享受谈话的过程就好了。

○ 与内向型打交道的小技巧 ○

- 内向型有些举棋不定和深思熟虑，但这并不能说明他们不够开放或社交时笨手笨脚（当然也不是缺乏智慧）。给内向型时间和空间，让他们按照自己的节奏组织语言。虽然有时他们需要更长的时间来表述观点，但这通常是深思熟虑过的。
- 内向型需要与人认识更久才能聊私事，但不是因为他们不信任你，也不是因为他们本质上不开放。他们只是需要更多的时间。另外，他们对亲密交流也没有那么强烈的需求，不要因此而生气。如果你想谈论自己，就请欣赏他们这样优秀而细心的倾听者。
- 内向型需要孤独来充电。不要将此视为他们排斥你或对你这个人没兴趣（尤其是当你和一个内向的伴侣在一起的时候）。

- 对于内向型来说，不把脑子里在想什么大声说出来，是天经地义的。所以，直接问吧，他们就会知道你在乎他们的想法，而且他们很可能会给你答案。但是，在相识之初，还是要小心处理个人问题。“如果这对你来说是隐私，就不必回答”，这个提议会让内向型很舒服，因为他们不需要用同样的开放方式回报外向型，这会让他们没有压力。应该强调的是，内向型并不是大家认为的故作神秘，而是需要更长的时间才能敞开自己。
- 关于他们的兴趣和爱好，内向型很愿意说，也可以讲很多——如果你问他们的话！当你认识一个内向型，把话引到这儿，你们就会聊得很好！当领地受到侵犯时，内向型比外向型更敏感。他们很少喜欢突然的、未经预约的拜访。如果你想和他们谈谈，最好问问他们是否有空，或者进屋前先敲门。另外，在身体接触方面要有所保留，尤其是在相识之初，内向型会喜欢保持一定的距离。

第二个维度：直觉还是实感

对于直觉型来说，整体大于部分之和。

事实，事实，事实！对于实感型来说，这才重要。

感知是我们从环境中接收信息的内在过程，我们感知的方式决定了我们看待世界的方式。因此，它是我们感受、思想和行动的基础。毕竟，人类只能对自己感知到的事物（无论是有意识还是无意识）做出反应，并据此采取行动。

荣格区分了感性感知和直觉感知。他观察到，有些人将他们的感知强烈地集中在可以通过五种感官体验到的有形物质世界。他称这些人为“感觉型”。与此相对，他提出了“直觉”，直觉感知印象更深、更整体。直觉感知大局、总体模式，而往往忽略细节。我认为荣格的术语（感觉 / 直觉）烦琐，而且不太直观。本书的第一版的术语“感性—感知者”和“直觉—感知者”也一样。后来，我换了说法，把偏向于感性感知的人称作“实感型”，把偏向于直觉感知的人称作“直觉型”。在此当然可以讨论这个维度是否更涉及思维方式，而不只是感知方式。在我看来，这既包括感知，也包括思考——两者相互依存。然而，我想指出，实感型，即荣格所说的那些通过五种感官感知的人，的确对物质世界有非常细节化的感知，而直觉型确实感知不到外界的许多东西，只要这些事与他们的个人兴趣和理论没有直接关系。在从事类型学的这些年里，我一次又一次地观察到这一点。

实感型依赖于他们能看到、听到、摸到、闻到和尝到的东西——他们通过五种感官感知外部环境。他们是实事求是的人、实用主义者和现实主义者。他们的感官专注于有形的现实，专注于现存的是什么，而不是可能是什么。他们脚踏实地，在物质的，即有形的世界里安家。他们对实际的、可行的东西感兴趣，探讨抽象、理论的谈话会让他们很快感到厌倦和无聊。

由于实感型专注于有形的、物质的现实，他们通常会准确地感知环境，并且不会错过细节。他们是出色的观察者。

缺点是（至少在直觉型眼中）他们可能很挑剔。例如，一个实感型的女人会注意到她的车上有一个小划痕，并为此大动肝火。直觉型很可能看不到这个划痕，即使看到了，也不会太在意。

实感型喜欢事实。如果实感型感知特别明显，就可能会让他们有极好的记忆力。如果你听到一个人说起多年前的一次旅行，到现在他还清清楚楚地记得行程、很多地名、旅馆住一晚的价格以及一些旅馆的名字，那么这个人很可能是实感型。由于实感型对细节的良好感知，他们的叙述风格可能（但不必然）有点啰唆和过于详细，这让直觉型倍感折磨。

当然，直觉型也通过五种感官从环境中获取信息，但他们看到的“红线”多于细节。有人说，实感型见树木，直觉型见森林。因此，直觉型的感知更整体，但更不精确。他们的长处在于有丰富的想象力，还能够看到实感型会忽视的事物的内在联系和因果。

直觉型对明显和有形的事物不太感兴趣，他们喜欢把握现象背后更深的含义。他们寻找事物之间的联系，寻找事物背后的意义。直觉型对“故事的寓意”更感兴趣，远远超过对故事细节的关注。当歌德的浮士德解决“是什么在其核心维系世界”的问题时，这表明他是直觉型。如果浮士德是实感型的，那他更关心的问题会是“世界还对我隐瞒了哪些事实”。

如果你把一朵玫瑰分别放在一个实感型和一个直觉型手上，让他们谈谈对这朵花的感受，实感型会称赞它的香味和美丽的颜色，提到花瓣的形状和结构，可能还会展示关于玫瑰的若干事实和经验。简而言之，他将“启动”他的感官和事实知识。对于直觉型来说，答案可能是这样的：“玫瑰让我想起了我和一个女孩的第一次约会。当时我 16 岁，非常兴奋。我父母的花园里种着美丽的玫瑰，大家都很喜欢。我给女孩带了一些深红色的玫瑰……”

直觉型和实感型在对待时间上也不一样，直觉型关注未来前景，实感型看重当下的可能性。

安佳—— 一个直觉型，和她的朋友克拉拉—— 一个实感型，开车出去。开到乡村时，她们的眼前出现了一座破旧的乡间别墅，其昔日的辉煌充其量只能猜测。安佳很兴奋，内心自然而然地浮现出以后可以用房子做什么的画面。她接收了房子的整体印象，而没有注意到细节。在她心目中，这栋房子闪耀着修复后的豪华光芒。克拉拉则无法分享她的热情。与她的朋友不同，她注重细节，因此也观察到房子的许多缺陷。她想到了巨大的装修工作和费用。她更关注此时此地的现实，即它现在是什么。

实感型看什么是可行的，直觉型看什么是可能的。直觉型注重新体验，也对开发新事物感兴趣。他们对细节感到厌倦，所以经常忽视它们。他们喜欢宏大（和粗略）的设计，如果必须处理细节，他们会饱受折磨。他们在项目的设计阶段状态最佳，然而制定细节和启动项目的任务应该由其他人接管。他们喜欢变化和多样性，讨厌循规蹈矩。反之，对于实感型而言，按部就班是完成工作的有效方式。当然，这种感知世界的不同方式会影响他们与他人交流。实感型，尤其是当他们也是外向型时，可能会迷失在细节的描述中。相反，直觉型喜欢说重点。

对于直觉型来说，一切都是相互关联的，无法归入大关系的细节，他们不感兴趣甚至注意不到。如果某样东西对他们来说没有意义，他们可以经过一百次都不会注意到它。这让实感型无法理解，对他来说，存在的就是真实的。设想一下，实感型和直觉型的人走同一条路上班：步行约五分钟，途中经过七家商店。有一天，其中一家商店关门了。就连直觉型也注意到了，但问他们以前店里有什么，如果他们能答对，要么是因为他们对这家店的商品感兴趣（已经建立了个人联系），要么是因为他们在更高的关联中。例如，从市场经济的角度觉察到了这家店："奇怪了，隔壁就是超市，这里怎么会有一家小便利店呢？"不然他们就答不上来。实感型无论如何都知道答案，他们感知得到现实存在的东西。

直觉型侧重于关注某人或某事的见解和可能性，他们对新事物、概念、理论和愿景感兴趣。实感型侧重于关注事实、案例、现场报告和实际应用。可以说，实感型是现实主义者，直觉型是幻想家。

在工作和学习方式上，直觉型也与实感型不同。后者更愿意依靠他们的实践经验，而不是理论。他们系统地做事：他们一步一步地比较数据和事实，并根据当前的行动需要检查它们。因为喜欢依靠经验，所以他们更喜欢传统的做事方式——因为它经住了时间的考验。"健康的"理性、准确性和事实知识是他们最喜欢的价值。因此，他们偏爱依赖于这些价值的工作。与不断提出创新设计相比，他们更喜欢处理细节和具体地实施一个想法。根据他们的才能，能吸引他们的工作领域，如在学术领域——医学、地理、历史和技术等；在培训职业中，会在税务、银行业、汽车修理、文秘、农业和手工业中找到他们。由于直觉型往往飘在天上，相对于实感型而言，他们更容易在现实中犯错误，尤其是因为他们不愿意处理小事，所以会忽略一些重要信息。但是，如果选对路，他们也能有所创新。吸引直觉型的工作领域，包括自然科学、哲学、心理学、法律、文学和艺术。也可以在许多需要创造性的行业中找到他们，如顾问和管理。

直觉型暗自认为他们是非常聪明的人。的确，这个维度是唯一与智力相关的维度。倾向于理论、喜欢探索和理解关联的直觉型平均智商略高。当然，这并不意味着实感型不具有同样高的智商。例如，医生中的实感型数量高于平均水平，因为这个学术职业与有形物质（人或动物的身体）有很强的联系，并且非常注重实践。

○ 与直觉型打交道的小技巧 ○

- 如果你想让直觉型理解一些东西，请先讲重点，或者用直觉型最喜欢的话——“切入正题！”他们喜欢先听到要点并总结出大致状况，但他们不关心细节。
- 当在较长时间内只围着具体的东西打转时，直觉型会感到谈话无聊。他们喜欢深入一点儿。请给他们机会。请不要将他们的愿景和想法视为“疯狂”——直觉型通常对未来的发展有很好的嗅觉。

- 如果你想让一个直觉型相信一个想法，就必须用他的语言来讲述。“我有个灵感……”“也可以按另一种方式来……”“有新的可能性……”“我已经清楚了一些模式——”“基本的想法是……”“策略是……”，用这种表述来引起他的注意。要意识到，直觉型实际上是理论家，他们喜欢思考大局并建立新的思维上的联系。
- 直觉型的叙事风格言简意赅——谨防吹毛求疵的评论。例如，如果直觉型说：“这件事发生时，我们正坐在露台上喝咖啡……”请不要打断并纠正他们：“不，我们当时是坐在花园里，喝的是柠檬水……”（哪怕你是绝对正确的。）直觉型会认为你有点“没劲”，对他们来说这些琐事完全无关紧要。
- 请理解，直觉型对客观物质世界的细节没有很好的感知。如果他们是你的邻居或室友，没有注意到一些你一眼就看出来的毛病，请不要立即指责他们居心叵测，最好以友好的方式向他们指出需要处理的地方。
- 如果可能的话，别让他们处理小事和细节工作——它们对他们来说是一场噩梦。
- 欣赏他们独创的想法和抽象的思维。

○ 与实感型打交道的小技巧 ○

- 首先是与所有实感型打交道的基本规则：具体问题具体回答！实感型讨厌不准确和模糊。与喜欢玩弄语言和文字的直觉型不同，对于实感型而言，语言是一种尽可能准确地交换信息的工具。
- 如果你想让实感型做点什么，就把自己放在他的世界里：他们的感知是由他们的感官决定的，他们喜欢有形的和生动的事物，就是一切与经验和经历有关的东西。请你具体而简洁地告诉他们，放心大胆地深入细节，这不会让实感型感到厌烦。相反，这会让他们有画面感。
- 在交流没有明显实际用途的理论和概念时，实感型很快就会厌倦。他们对实用、可用、现实、可行的事物感兴趣，喜欢谈论这个。
- 如果你想让他们相信某事，请注意实感型的脚踏实地：与直觉型不同，他们对新事物持怀疑态度，因为它们尚未经过测试。像“愿景”“灵感”“直觉”这样的词，直觉型听起来很舒服、很熟悉，但对于实感型来说可能是噱头。最好谈谈经验，因为这是可以依赖的，谈谈实实在在的事实，谈谈容易观察到的事物。
- 注意，实感型有很好的现实感，所以当他们对你的想法提出具体的反对意见时，你要好好想想。细节往往是魔鬼，实感型会更快地懂得这一点。
- 尽量将注意力集中在“这个世界”上——如果你过多地沉浸在自

己的思想世界里，并且无法意识到立即采取行动的必要性，可能会让实感型筋疲力尽。每次都得重新提醒你收拾洗碗机会让他们很恼火。

- 请欣赏他们良好的观察能力和务实精神。

第三个维度：
情感还是理智

如果你听到有人说，“这很难，但很公平”，那你可能正在与一个理智型打交道。

相反，如果你听到有人说，“让仁慈走在正义之前”，那很可能是凭感觉做决定的人。

类型理论的第三个维度涉及一个人如何做出决定：他们是更多地受感觉还是理性引导？荣格区分了“以思考为导向”和“以感觉为导向”的决策，两者都被认为是合理的。

情感型通常很友善，并具有热情的魅力，这些人通常被认为友善和风度翩翩。相反，理智型似乎相当冷静和实事求是。情感型根据个人价值观判断一切，他们需要和谐相处才能感觉良好。理智型将问题放在首位，他们以解决方案为导向且服务于目的。当然，他们并不反对和谐和人际关系的价值，但有疑问时，他们更愿意关注事实方面。他们从一个批判的角度观察世界。

这些不同的基本态度导致截然不同的行为方式和沟通方式，很容易发生冲突。这一维度也是唯一显示性别差异的维度：大约 65% 的男性和 35% 的女性是理智型。但要防止仓促下结论：并非所有的女性都是情感型，所有的男性也不都是理智型。同样，也没有人是完全的理智型或者完全的情感型。

因为情感型如此需要和谐，所以他们通常会积极地营造友好和和谐的气氛。他们喜欢表扬并强调积极的一面。如果你在打招呼时听到有人惊呼“你看起来不错”，这很可能是一个情感型。情感型比理智型更重视他人的意见，因此，他们更善于感知和满足身边人的需求。他们乐于助人，乐于倾听他人的问题并表现出关心和理解。

理智型天生就比较客观，他们也乐于在他人需要时帮助和倾听。然而，个人的、情绪化的谈话对他们来说并不是“主场比赛”。当需要实用建议和以解决方案为导向的行动时，理智型会感到更自在。例如，帮助朋友报税、对购物提出建议或给出防护流感的好办法，对他们来说比数小时的人际关系谈话更重要。

由于理智型不太依赖和谐的合作，他们很少赞美和恭维别人。他们表达的是改进建议，而不是表扬。这常常让情感型很苦恼，他们会觉得自己并未被认可，认为理智型正在“鸡蛋里挑骨头”。处于领导岗位上的理智型通常没有表扬员工的内在冲动，因为他们想的是：“不抱怨就足够赞美了！”然而，赞扬和激励的说法已经传播开来，所以大多数理智型的老板已经“理性地”习惯于赞美了。

情感型更注重体验他们的情感，他们喜欢并寻求情绪体验。他们很容易在看悲伤的电影时和在婚礼上哭泣，有时收音机里播放一首忧郁的歌曲就足以让他们伤感了。理智型更喜欢保持一定的距离，太过亲密和太多的情感会让他们感到不舒服和尴尬。情感型更投入感情，他们的情绪起伏也更大。理智型在情绪上更稳定和平衡，也就不那么热情。情感型喜欢谈论自己的感受（尤其是当他们也是外向型时），并且经常进行情绪评估。除了真正的个人问题，理智型对一切都保持着距离。他们对情绪的不同处理方式也清楚地体现在他们的语言中。

弗里达（情感型）和德克（理智型）读了同一本悬疑小说。德克的结论是：这个故事的设计感太强了，没有说服力。主角的特征片面地按照好坏来分，不怎么可信。整个故事充满逻辑错误和心理矛盾。

弗里达的结论是：读这本书完全是浪费时间。黑是黑、白是白的角色让他很恼火。如果这个故事更可信的话，还可能吸引他。他认为很多暴力场面尤其糟糕，纯粹是哗众取宠。所以，他不会向任何人推荐这本书。

你注意到了吧：弗里达在每句话中都给出了个人评价，而德克却没有一句话离开事实层面。情感型大多不喜欢冲突，他们不愿意伤害任何人。如果想批评谁，他们会很委婉而有分寸。他们自己脸皮薄，所以也会体谅他人。理智型心大，会直言不讳地表达批评，情感型的敏感反应会让他们惊讶。

情感型和理智型从相反的方向接近人们，情感型首先在对方身上寻找联系、共性和认同。只有在建立了这种和谐的关系后，他们才会看到差异。反之，理智型首先看我们有何差别，在哪里有不同的看法。只有在第二步，他们才会寻找一致性和共性。

我想明确地指出，两种决策偏好本质上没有好坏之分。根据情况，两者各有优缺点。在处理非个人问题和纯粹的事实决定（如买车）时，以思维为导向的决策优于情感决策。当涉及人并需要合作时，以感觉为导向的决策通常会更好。两种基本态度可以相互受益：对于情感型来说，倾听理智型冷静的反对意见并将其纳入他的情感决策考虑中，可能非常有帮助。比如，想一想上文提到的买车就马上明白了，在这种事实决策时，情感型往往会忽视隐藏的缺陷或不怎么考虑价格，因为他们认为这辆车很适合他们，而且是他喜欢的形状和颜色。转向理性的论证也可以避免情感型在他们的人际关系领域感到失望，例如他们可能为某个亲友全心全意地付出，被后者对帮助的明显需求蒙蔽了双眼，看不出这个人总是倾向于利用别人以达到自己的目的。头脑冷静的理智型此时会盘点情感型的善行，并计算出结果："你已经为尤金一百次火中取栗了，但你见过他努力为他的破事改变过什么吗？"

反过来，也建议理智型思考情感型的想法，因为这可以帮助他们培养更多的同理心，从而保护自己免遭不良的“人为副作用”的影响。理智型可能会经历这样的情况，即在考虑事实时过分忽视人的因素。一位典型的理智型上司可能会陷入僵局，因为他的指示莫名其妙地不起作用了。当情感型向他解释某些在员工中积累的矛盾时，他会大吃一惊，理智型要么以前没把这些当回事，要么根本没有注意到。对于情感型的建议：“把雅各布斯女士和舒斯特先生分开，他们相处不来，还是表扬雅各布斯几句吧……”理智型应该认真对待。

最后，应简要说说 35% 的理智型女性和 35% 的情感型男性。女性的理智型倾向混杂着社会因素和生物天性。与男性大脑相比，女性大脑的左右半脑之间有更多的神经连接。这些连接使女性天生能够更好地表达情绪并将其融入她们的思考中。可以说，这柔化了纯粹的理智型风格。在理智型的女性身上，“男性”和“女性”的思维方式交织在一起。相反的迹象适用于情感型的男性。因此，这些混合类型的范围相当广泛。

○ 与情感型打交道的小技巧 ○

- 你要意识到，情感型特别需要认可和和谐。公事公办的态度会让他们感到不舒服。然后，他们会认为你态度冷淡，想知道他们是否做错了什么或者你是不是不喜欢他们。往好了说，他们会认为你不好相处；往坏了说，他们会觉得你很讨厌。实际上，情感型很容易接近：只要比你的正常状态多一点亲和力就行了。一开始，你必须有意识地这样做：尝试多微笑、多赞美，问他怎么样，直呼他们的名字。你会惊讶于这些行为上的微小变化带来多么积极的回应，而这些改变很快就会成为你的第二天性。

- 对于情感型来说，感觉真的很重要，包括他们自己的和别人的。不要认为他们的想法过于软弱和不理智。试着从他们的角度看问题，设身处地地为他们着想。
- 请尊重情感型的思考，他们的想法与理智型的想法一样合理。情感型只是更倾向于仔细观察人与人之间的关系，根据情况和问题的不同，这极有可能是解决问题的最佳方法。
- 说到解决问题：当有人过快地提出合理的解决方案时，情感型常常会觉得他们操之过急。
- 请先收回解决方案的建议，情感型也不期待这样（这可能是男女之间最常见的误解之一）。情感型希望你明白问题所在，他们希望你倾听并陪伴他们。只有理解了这一点，你才能在第二步表述你对问题的看法并提供可能的解决方案。
- 当你批评一个情感型时，请记住他的脸皮薄，会把批评当回事。请事先考虑如何以情感型可以接受的方式表达批评。如果你用太过严厉的方式伤害了情感型，他们就不会再对你敞开心扉。例如，如果你正在评估情感型的工作，请先表扬你满意的部分，然后再提出改进建议。否则，情感型可能会“封闭起来”，认为你的批评不公平，因此拒绝接受。

- 反过来，要鼓励情感型多说几句心里话。因为他们倾向于回避冲突，所以有时他们不敢清楚而明确地表达自己的意见。

○ 与理智型打交道的小技巧 ○

- 理智型更受头脑驱动，观察事物保持着一定的距离。他们的举止也是如此：礼貌、友好，但不是特别亲切。请注意，这是理智型的个人风格，并非针对你。接受他们的本性和私人界限。请不要有野心，不要试图通过表现得更加迷人和温暖来“征服”他们。这可能会导致理智型有防御反应，他们需要一定的距离：过多的个人亲密感和表露出来的感情会让他们尴尬（特别是如果他还是内向型的话）。他们也可能觉得你没有距离感，而且咄咄逼人，并且/或者认为你正试图用你的魅力来操纵他们。
- 理智型通常直截了当地进行批评，他们并不那么需要和谐。这就是他们不喜欢拐弯抹角的原因。他们会脱口说出改进的建议，而不是赞美。他们根本没有恶意，相反，这是他们提供帮助的方式。通过提出改进建议或表达批评，他们向对方发出信号，表明自己认真对待此事，并正在与对方进行建设性的讨论。
- 许多理智型很难给予赞扬，因为他们觉得提及显而易见的事情是多余的。对于理智型来说，断定“尼科·罗斯伯格（德国一级方程式赛车手）开车很棒”无聊至极。他们也不想给人留下他们想用赞美来讨好别人的印象。反过来，他们也很难接受对他们的赞赏之词，觉得这很尴尬。可以认真对待他们的批评，但要保持冷静。

- 保持距离地观察事物是理智型的长处。有时候，也别那么在意你的情感吧。从他们的角度来看，问题可能很有启发性。
- 要求理智型必须彻底理解另一个人的感受，常常无济于事。这通常会导致出现各自坚持己见的权力游戏。
- 如果你想让理智型做点什么，请保持客观。重点是事情，而不是人际关系或个人价值。关注他们的理性，而不是他们的感受。他们会借助规律、逻辑原则、客观标准、范畴和批判性分析来陈述理由。
- 理智型即使在压力下也能让头脑保持冷静，情绪激动的场景和情绪的爆发会使他们不安。
- 如果你想批评理智型，请把你的意思说清楚。他们无视微妙的暗示和隐藏的诉求，因为他们不像你那么敏感。顺便说一下，理智型不敏感的一面是他们最讨人喜欢的特征之一：他们可能不是最敏感的，但也很难受到伤害，很少喜怒无常，而且心很大。

第四个维度：判断还是理解

“心静则清，智者不乱！”是理解型的座右铭。

判断型的人会说：“今天能做的事不要拖到明天。”

类型理论的最后一个维度涉及一个人应对世界和对待事物的基本态度和看法。这里可以区分有条理的、结构化的方法与自发的、随意的方法。无论我们是以更结构化还是更随意的方式处理事情，都可以描述为不同的生活方式。类型理论的这个维度并不出自荣格，而是由美国人伊莎贝尔·布里格斯·迈尔斯和凯瑟琳·库克·布里格斯添加的。他们区分了“判断者”和“感知者”。虽然我过去常说“判断型”和“感知型”，但我现在决定将它们分别标记为“秩序型”和“随意型”。[1] 我发现这些术语在内

1　为方便读者理解，本书采用英译通用的判断型（秩序型）和理解型（随意型）。

容方面更容易理解。

判断型有很强的总结和完成事情的欲望。反之，理解型倾向于保持开放并收集更多的信息。他们喜欢自发地行动，几乎没有计划。与其他维度一样，我们总有两种处理事情的方式（判断和理解），但比重不同。此外，即使是判断型，也可以轻松地面对一些事情，理解型同样可以有条不紊地做事。正如我不厌其烦地强调的那样，我们说的是倾向——我们总是表现出两种能力，却不知不觉地偏爱其中一种。这些不同的倾向相应地表现在一个人的日常行为中。

判断型表现出一定的紧迫感，以有计划的方式处理、组织事情。最重要的是，要做完。他们是待办事项清单的发明者和使用者。他们中的许多人无法想象没有开列清单的生活。他们写下每天或每周需要完成的事情，解决它们，然后把它们划掉。“完成”这个词在他们心中引发了幸福感。计划和组织事物给判断型安全感和控制感，让他们有一种“掌控一切”的感觉。与此相关的是，判断型更喜欢当机立断，而理解型更倾向于能拖就拖。判断型有做决定的冲动，做出决定时，他们会感到如释重负，因为这为计划铺平道路。由于判断型以目标为导向，他们也不像理解型那样容易分心。他们通常表现出高度的纪律性和自制力。他们喜欢规则和秩序。

理解型天生有些贪玩。与未完成某件事相比，他们更关心错过了什么。他们的感知总是乐于接受新的印象。因此，他们在不用做出决定时，感到最自在，因为还可能有更好的呢！有时，他们会犹豫到最后一刻，担心自己没有搜集到足够的信息来做出决定。基本上，他们更愿意让事情自行发展，而不是提前构建和计划。当被迫做决定时，他们会感到某种不安。对于理解型来说，写待办事项清单充其量是一种不得已的邪恶之事。如果他们列了清单，也通常会放到一边去或忘记还有这玩意儿。

理解型喜欢探索未知，他们的注意力集中在当下引起他们兴趣的事情上。他们很容易分心，天生好奇。可以说，理解型在探索的过程中很开心，也就是过程导向，而判断型喜欢目标，也就是结果导向。由于具有开放性，理解型反应更快、更灵活。

为什么判断型喜欢收场，而理解型喜欢保持开放？这与他们内心的紧张程度有关。内心的紧张未必会被意识到，它也可以在较低的意识水平上产生模糊的压力。无论这种紧张感是有意识还是无意识的，它都会让人产生减少它的冲动。对于判断型来说，当事情徘徊在不确定、悬而未决的状态时，紧张就会加剧。要做出的决定或要完成的工作越重要，结束它的冲动就越强烈。做出了决定会让判断型松一口气，因此他们只需要做出决定所必需的信息。当理解型被迫选择一件事并因此拒绝另一件事时，他们就会紧张起来。他们通过尽可能拖延时间不做决定来避免紧张，这样才不会被后面没完没了的选择搞得筋疲力尽。

判断型和理解型之间的一个关键区别是他们的时间观念。对于理解型来说，时间是有弹性的、柔韧的和灵活的。对他们来说，时间是一种资源，可以根据需要任意取用。别急，慢慢来。判断型喜欢分配他们的时间。由于理解型不那么以目标为导向，他们更有可能屈服于当前任务周边的诱惑，因此他们往往会偏离轨道，分心于吸引他们的杂事——时间就过去了。这通常会导致他们最终要承受时间的压力，他们会更习惯拖延，而且理解型的特色是——在最后的压力之下完成很多事情。反之，对于结构化和秩序化的判断型来说，时间是按单位分割的：15 分钟、30 分钟、60 分钟。他们严格地追踪时间，就像一本植入体内的备忘日记。时间很宝贵，必须好好利用。他们讨厌浪费时间。截止日期的规定对他们也有约束力：他们制定了时间表和任务计划，并且通常设法坚持执行。虽然他们可以在最后一刻完成工作，但是会感到不安、恼火，会考虑如何在未来避免这种时间压力。对于理解型而言，截止日期更像是一个随意的约定或开始一项任务的最晚时间。

很明显，不同的时间观念会导致判断型和理解型发生很多冲突。判断型讨厌一直等待，他们认为理解型的人散漫、混乱。尤其让判断型恼火的是，理解型的散漫往往让判断型买单。与此同时，理解型往往会感受到判断型的压力，认为他们是催命鬼，是僵化和不灵活的。

他们对时间的认识大相径庭，与秩序的关系也是如此。判断型喜欢计划和结构，而理解型喜欢灵活性和开放性。这不仅反映在他们的行为中，也反映在他们周围的环境中。可以通过杂乱的笔记、散落的书籍和文件、成堆的纸、乱放的咖啡杯以及工作需要或不需要的所有东西来判断，这是一个理解型的办公桌。简而言之，这就是他所说的“创造性混乱”和判断型所说的“灾难”。一个判断型的办公桌，至少在下班后，以一目了然的整洁为特征，桌上最多只留一份第二天的待办事项清单（如果不在那里，就在最上面的抽屉里）。这种描述当然有些夸张，但趋势应该已经很明显了：判断型喜欢清晰、有序；理解型实际上也喜欢，但办不到——除了偶尔会清理一次。

顺便说一句，理解型倾向于囤积和堆积的原因之一是，他们很难决定扔掉一些东西——有可能还会用到呢。此外，这也显示了理解型的玩乐倾向，他们把注意力用在不同的主题上，它们会以实物的形式四散在工作场所。判断型和理解型对秩序的不同需求通常不仅限于工作场所，还渗透在生活中。要小心，别误会：判断型不一定是秩序狂，理解型也不一定邋遢。我们说的是倾向、趋势。理解型通常不需要那么多秩序，相比于喜欢让事情“各就各位”的判断型，混乱对理解型造成的压力更小。

由于理解型将他们的感知设置为“持续接收”，他们有时会在谈话中显得有点心不在焉。他们的典型特征是：在说话或聆听时，他们的目光会在房间里四处“游荡”，以便尽可能多地吸收信息。当然，谈话地点最好是在有很多东西可看的地方，比如餐馆、酒吧或其他公共场所。这种习惯会让判断型极其反感和恼火。他们更加关注对方，并期待对方也一样。判断型倾向于专注于一个问题，这是因为他们倾向于把事情做完。谈话的主题他们也想尽快搞定，而不是东拉西扯。

判断型比理解型做决定更快，他们也有更清晰的立场。他们会非常清楚地表达自己的意见，尤其是当他们性格外向时。既是外向型又是判断型的人可能非常自信。交谈几分钟后，如果你听到有人说“你应该”或“你必须”，那他很可能是一个判断型。当事情没有按照他们想象的方式发展时，他们很快就会焦躁起来。相反，理解型更具适应性和灵活性，因为他们倾向于顺其自然，而不执着于明确的目标。由于判断不那么快，他们的世界也有更多的灰色地带和中间色调。人们经常听到他们说：“你可以这样或那样看待它。”“也许它完全不同。”……

我们的社会，尤其是职业和工作环境，是由规则和固定的时间结构决定的，判断型对此如鱼得水，理解型在这种环境中则处于不利地位。他们中的许多人已经努力自我训练过，使自己表现得更像判断型。

尽管如此，两者都各有其优点和缺点。判断型对规则的热爱往往意味着他们不是很有创造力，即兴创作不是他们的长处。他们井井有条，但不是特别能随机应变。理解型比较随意，但更有创造性，而且能非常主动、灵活地应对各种情况。形象地说，判断型是社会的记账员，理解型是灭火器。判断型喜欢理解型的开放性、随机应变和创造性，理解型钦佩判断型的决断力、秩序性和高效率。这些特质只有在极其典型时才会让人不舒服，这时的判断型显得非常僵化和固执，而极端的理解型不论私下还是在职场上都优柔寡断。然而，我们大多数人都会在这两种能力之间保持着很好的平衡。

○ 与判断型打交道的小技巧 ○

- 准时！判断型会在指定的时间到达，他们讨厌等待。
- 判断型想知道朝哪儿走——他们需要计划，也有计划。如果事情迟迟定不下来，他们内心就会产生一种不舒服的紧张感。如果你想对他们好，就饶了他们吧。不要耽误他们太久，早点定下来。
- 判断型，尤其是当他们也是外向型时，会非常自信。他们通常对什么对、什么错有精确的想法。不要被他们的果断吓到，更不要畏畏缩缩。轻松地面对他们，他们比你想象的更容易接受别人的看法和论点。最重要的是，即使你不同意他们的观点，你们的明确声明也比“磨磨叽叽的讨论”好得多。如果判断型不喜欢某事，他们就会永远对此持怀疑态度，会通过不断的权衡来否定每一个决定。
- 判断型喜欢把事情做好，包括谈话。当谈到他们非常感兴趣或与他们个人有关的话题时，请不要跑题。克服注意力跑偏、分散到周围环境的倾向，否则，如果谈的是某件对判断型很重要的私事，他们会觉得自己没有受到足够的重视。如果是有趣和 / 或必要的事实讨论，他们会认为你的那种态度没有效率。

- 判断型喜欢秩序——请不要把他们的事情搞得一团糟。

○ 与理解型打交道的小技巧 ○

- 理解型不喜欢做决定，因为他们需要比判断型更多的信息才能定下来。不要试图过快地限制一个理解型，这会激起他们的反抗，而不是赞同。给他们尽可能多的时间，尽量控制你的急躁脾气，采取更轻松的态度——好事多磨。快速做出的决定并不总是最好的，有些问题也完全可以自行解决。
- 理解型总是需要更多的可能性和选项。如果你有事情要和他们谈，无论是私事还是公事，试着给他们选择。这样，他们就不会觉得自己被锁定在一个方向上，你也可以避免不必要的权力斗争。这样一来，他们还可以缩短决策过程，因为理解型会觉得自己没必要先去寻找替代方案了。关于你的建议，他们会问很多问题，接受吧。请注意：你对快速推动事物发展和聚焦的需求也会导致视野狭窄。敞开自己，从容地尝试理解型的广角视角吧，绝对值得。
- 理解型很好奇、有创造力，而且有点玩世不恭。试着放松下来。如果理解型注意力不集中，不要认为他们是针对你，而如果以友好的方式提醒他们，他们就会回到正题。

- 告诉理解型，承诺、守时和秩序对你有多重要。这样，他们就更容易与你相处了。

16型人格

S o b i n i c h e b e n !

到目前为止，关于四个维度中的每种类型（单独来看）如何影响一个人的行为、思考和感受，你已经了解了很多。你已经知道INTJ是内向—直觉—理智—判断型。阅读时，你可能想过，每个维度上的哪种类型最适合你，或者你的脑海中浮现出某个熟人，他在某一维度特别典型。现在要弄清楚的是，从四个维度排列出的16种可能的组合各自具有哪些特殊的属性。

由于缩写太过抽象，我和我的前合著者梅兰妮·阿尔特给所有16种类型都赋予了部长头衔，以反映各个类型的基本核心特征。如果你愿意，这16种类型可构成一个完整的“小内阁”。这句玩笑话反映的事实是，我们的社会需要每一种类型，这样才能正常运转，因为每种类型都有可以贡献给社会的非常特殊的能力和天赋。

每种类型：不仅仅是四个字母

并不是简单地将各个特征相加，就能从总和中得出相应的类型，比如上例中的 INTJ。不，I、N、T 和 J 是相互影响的。下面，我想通过几个精选的例子来说明类型学的活力，让你感受并理解各维度的相互作用，这样你就可以在日常生活中成功地应用类型学。

我们从外向型（E）和理智型（T）的组合开始。例如，在 ESTJ 中，两种风格——外向型（E）的健谈、亲切与理智型（T）的理性距离，彼此冲突并相互影响。结果是，与内向理智型（IT）相比，我们更容易与外向理智型（ET）熟起来。在交往中，外向理智型（ET）比内向理智型（IT）显得更随和、更开放，他的理智因素使他能非常直率、毫无遮掩地说出自己的想法。外向理智型（ET）注定会闯祸，因为他们的外向（他们有时说得比想得快）和他们的理智（从一定的距离看事物）有时让他们的批评脱口而出，受到批评的人可得先喘口气。

与外向的人相比，内向理智型（IT）给人的印象要疏离得多。内向理智型（IT）就是那些人们常说的难搞的家伙。内向型（I）本来就有点冷，理智因素（看待世界的理性批判距离）更强化了这个特点。他们虽然不像外向理智型（ET）那样时不时地“口无遮拦”，但由于他们话少，有时候确实显得很孤僻。

然而，他们的内向并不一定能阻止他们用（无意的）没有分寸的言论奚落他人。硬币的另一面是内向理智型的优势：他们是出色的分析师，尤其是在涉及事实问题时。

现在，让我们将理智型（T）与实感型（S）结合起来。实感型（S）是观察细致的实事求是的人，他们的感知集中于有形的现实——可以看、听、触摸、计算、测量和称重的事实。这些事实会受到［理智型（T）］客观的分析和评估。这种组合使他们非常现实，喜欢将自己描述为强硬的现实主义者。由于具体感知力强，他们不会回避细节或例行公事，当他们表现极端时，就是众所周知的吝啬鬼。如果实感理智型（ST）与判断型（J）相结合，他们很快就会得出明确的结果和决定。他们做事规律化、系统化，并且是出色的时间管理者。判断型（J）为他们的理智型（T）结构“施了肥”：因为他们对尽快形成清晰判断［判断型（J）］的偏好，强化了他们分析—理性的思考倾向。这有时会给他们引来苛刻和古板的评价。然而，客观和正义是理智型（T）的价值所在，因此实感—理智—判断型（STJ）要求公平，他们通常是人们所说的“严苛但公平”的人。

反之，如果理智型（T）在人格画像中与直觉型（N）相结合，例如 INTJ，那么此人便倾向于理性逻辑分析。但是，作为直觉型（N），他相当理论化并以未来为导向。直觉理智型（NT）更感兴趣的是理论和未来的可能性，而实感理智型（ST）关注的是事实和当下。

当涉及复杂的系统和概念时，直觉理智型（NT）是出色的问题解决者。他们的能力就是最高的价值。他们这样要求自己，也这样要求他人，因此他们有时会显得有些傲慢。

如果直觉型（N）与内向相伴，就是那种更有可能推测房屋着火的原因而不去灭火的人。内向型（I）有些避世、内省的倾向，与直觉型（N）的感知相结合，就会导致他们的思路高度抽象、有思辨性、很聪明，但也很复杂，有时甚至对局外人来说有些不食人间烟火。当内向直觉型（IN）再与理解型结合，就是心不在焉的典型代表。

现在，让我们在维度键盘上弹奏情感型（F）：情感型比理智型（T）更看重身边的人。他们专注于人际关系，心理逻辑比事实逻辑更让他们感兴趣，情感因素让他们比理智型（T）对人更温柔、更随和。如果情感型（F）还与外向结合，就会特别真诚和热心。外向使他们把情感转向外部，即他们比内向情感型（IF）更强烈地寻求人际交往，更愿意交流他们的情感生活。内向情感型（IF）的情感更多的是藏于内心，他们是非常好的倾听者和

“沉默”的帮助者，能够识别需求并动手解决，却不会邀功请赏。

如果外向与判断型（J）相伴，那么这种类型不仅果决、能迅速给出意见，而且外向让他们的秩序感锦上添花——外向判断型（EJ）表达看法时清楚而坚定。

外向判断型（EJ）有说出自己想法的强烈的内在冲动，而且不论有没有被问到，他们都乐于提供建议。因为他们很有主见，也自然而然地认为自己知道该怎么做。如果外向判断型（EJ）是情感型（F），就会对心理主题和人际关系特别感兴趣。他们是自告奋勇的关系顾问。反之，如果外向判断型（EJ）是一个理智型（T），他们就会主要针对事实主题发表看法。

关于有些疏离的理智型（T）与判断型（J）的区别，再多说一句，人格画像中的J表示这种类型喜欢当机立断，如果他们是外向的，那他们还喜欢表达，但判断以及判断失败时的风格取决于他们是理智型（T）还是情感型（F）。如果判断型（J）是理智型（T），他们可能在表达自己的意见时就不太有分寸感，因为他们比情感型（F）更多地从外部看待事物，而且也不那么在意和谐。外向的情感判断型（FJ）虽然也喜欢说出自己的想法，但由于有很强的移情能力和对和谐的需求，他们不仅更理解身边的人，也希望避免冲突，因此表述看法时会更温和、更善解人意。

理解型（P）随时准备接受外界的刺激。如果理解型（P）与实感型（S）相结合，他们的细节感知就会得到提升。实感理解型（SP）不仅是真正意义上的非常敏感的类型，在外部环境方面也是极端的感知者：实感理解型（SP）几乎什么都不会错过。如果你和一个实感理解型（SP）一起在车里，他会远远地看到警察，同时他会看到一只猛禽在天上盘旋，还会注意到前面车的排气管很快就会掉下来。

如果他还外向，就会大声分享他的观察结果："小心，前面有检查……""看，有一只鹰……""前面那人很快就得去修车……"如果他内向，你就听不到那么多了。作为内向型（I），他可能只是提醒你有警察。

反之，如果理解型（P）与直觉型（N）相结合，他们就不会像实感理解型（SP）那样把感知重点放在此时此地，而是关注未来的可能性。直觉理解型（NP）的外部感知与他们的内心提示交织在一起，他们把涌来的众多印象连接成新的思维模式，他们往往是优秀的"创意制造者"。直觉型（N）和理解型（P）的组合有助于他们创造和创新。

没有情感理解型（FP）就没有派对！他们更放松，善于交际，爱玩且好相处。如果还外向（ESFP 和 ENFP），他们就会非常有趣。情感理解型（FP）结合了理解型（P）适应性强、好玩和不评判的特性与情感型（F）的社交才能，这使他们喜欢娱乐和热闹。

我希望这个简短的概述让你能了解四个维度是如何相互影响、彼此交错的。正因如此，这 16 种人格类型才如此不同，哪怕它们只差了一个维度。

人格测试

要找出你是哪种类型，可以做一做下面几页的测试。我的经验是，只要“诊断”得对，也就是说，只要对各个维度的自我评估都正确，个人的性格画像就会很准。

具体来说：如果某人评估自己是外向型（E）、直觉型（N）、情感型（F）、判断型（J），那么只有当他的确是 ENFJ，而非 ENTJ 或 ENTP 时，画像才会准。正确地评估自己，对有的人来说很容易，对有的人来说就难一点。重要的是，不要自己想当然。犹豫不决的时候可以请伴侣或好朋友评价一下。如果测试的结果还不到 2 分，那就不对。准的结果所描述的特点通常有 90% 的命中率。

除正确的自我评估外，还会出现另一个问题，那就是你是一个混合型。虽然一个人在每个维度上都处于中间位置的情况不多，但在一个，有时甚至是两个维度上位于中间的情况并不少见。例如，如果不确定自己是 ISFJ 还是 INFJ，那就读一读两种画像的描述，看看哪一个更符合。如果还是拿不定主意，那你真的就是混合型。

○ 测试说明 ○

现在，请你参加下面的测试。你也可以在我的主页 www.stefaniestahl.de 上测，那就会自动评估。在这本书里测试的好处是，可以看到你的分数在四个维度上的分布情况，从而知道你每种特质的强弱。每个问题都有两个答案可选。

请尽可能凭直觉选择其一，选择第一眼看上去最符合你的答案。别忘了，这些问题旨在捕捉偏好或倾向。通常，这两个选项并不相互排斥，所以你可能会觉得很难做出决定。因此，问问自己，两个可能的答案中你更偏爱哪一个，选择那个更吸引你的选项。

对于某些问题，你的答案可能会不一样，全看你考虑的是工作还是私生活。这时，请参考你的私生活来作答，私生活中的行为方式应该更符合你的倾向。如果你在生活中努力训练过自己的某种行为方式（如整洁），那么请勾选那个能描述你最初行为的选项（如不整洁）。该测试旨在衡量你的核心人格，而不是你所学到的东西。

如果真的选不出来，就干脆跳过这个问题，但这应该只是例外。

最好把答案另写在一张纸上（1a、2b 等），这样就可以测很多次而不受干扰，其他人也能来测。此外，这样更容易打分。现在，好好玩吧！

○ 测试题 ○

1. 更符合我的陈述是____________。

a. 有时我想了很久，却什么也没说。

b. 我说话的速度经常比我想的要快。

2. 长期计划让我觉得____________。

a. 受到束缚。

b. 让一切尽在掌控之中。

3. 更符合我的陈述是____________。

a. 我对身边人的情绪很敏感。

b. 错误立即引起我的注意。

4. 需要耐心和细心的工作，我觉得如何？

a. 对我来说更像是一种折磨。

b. 大多数让我感到开心。

5. 更符合我的陈述是____________。

a. 工作和休闲对我来说并没有那么清楚地分开。

b. 先工作，再玩耍。

6. 在关系中，我非常重视____________。

a. 真相和公平。

b. 和谐与同理心。

7. 当我修修补补或做手工时，____________。

a. 我仔细而准确。

b. 我更多是凭感觉和估计。

8. 如果必须选择，我宁愿将自己描述为____________。

a. 现实主义者。

b. 理想主义者。

9. 更符合我的陈述是____________。

a. 我家里一切都井然有序。

b. 我家里有种“创造性的混乱”。

10. 我的优势更多在于____________。

a. 安排得井井有条。

b. 灵活应对意外情况。

11. 在公司时，____________。

a. 我听得多。

b. 我很喜欢说。

12. 有问题时，____________。

a. 我很少说，就算说也只告诉几个人。

b. 我藏不住话。

13. 我宁愿____________。

a. 被叫作有感情的人。

b. 被叫作有头脑的人。

14. 等客人时，__________。

a. 我通常在客人到来前一刻钟完成准备工作。

b. 第一个客人到达时，我还在准备。

15. 我有__________。

a. 对细节的良好感知。

b. 对细节的拙劣感知。

16. 更符合我的陈述是__________。

a. 我想在星期一就知道周末有什么计划。

b. 我宁愿等着看周末能干啥。

17. 我最好的充电方式是__________。

a. 在熟悉的圈子里放松。

b. 有时间独处。

18. 更符合我的陈述是__________。

a. 我会读新设备的使用说明。

b. 迫不得已时，我才读使用说明。

19. 让我很烦的是__________。

a. 有人说话不算话。

b. 有人不懂变通。

20. 更符合我的陈述是__________。

a. 我的情绪大多数时候写在脸上。

b. 其他人不太容易看得出我心里在想什么。

21. 更符合我的陈述是____________。

a. 我经常在最后一分钟完成工作。

b. 我通常能很好地管理自己的时间。

22. 我宁愿有____________。

a. 哲学的天赋。

b. 一种实际的才能。

23. 必须做出决定时，我会在有疑问时依靠____________。

a. 我的感觉。

b. 客观事实。

24. 与他人长时间相处时，____________。

a. 我不觉得累。

b. 我经常觉得很累。

25. 我更喜欢____________的工作。

a. 需要社交技巧和同理心。

b. 需要理性行动和分析思维。

26. 与一群朋友一起旅行时，____________。

a. 我几乎可以一直身边有人。

b. 我不时地需要独处的时间。

27. 更符合我的陈述是____________。

a. 我通常让我的想法和感受脱口而出。

b. 在我输出想法和感受之前，我通常会想很久。

28. 更符合我的陈述是____________。

a. 我经常思考未来及其可能性。

b. 我的想法更多的是关注此时此地。

29. 我更喜欢的工作领域是____________。

a. 其中需要许多新概念。

b. 准确性和事实性知识很重要。

30. 下面的表达方式，____________更适合我。

a. 严厉但公平！

b. 情大于法。

31. 更符合我的陈述是____________。

a. 我通常会很快就去处理不愉快的事情，想赶紧摆脱。

b. 我经常把不愉快的事情拖了又拖。

32. 其他人会形容我为____________。

a. 腼腆而安静。

b. 健谈而开放。

33. 更符合我的陈述是____________。

a. 我相当自然而强烈地体验我的感受。

b. 我不太容易情绪化。

34. 在____________情况下，我的工作效率最高。

a. 最后，时间紧迫。

b. 提前，当我知道我还有足够的时间时。

35. 我更喜欢____________。

a. 谈论事实话题。

b. 谈论人际关系。

36. 更符合我的陈述是____________。

a. 我喜欢思考“生活中的大问题”。

b. 我更喜欢关注具体的东西。

37. 我更可能会____________。

a. 不怎么坚持我的立场。

b. 惹人生气。

38. 在空闲时间，我倾向于选择____________。

a. 看一本好书或一部好电影。

b. 社交活动或谈话。

39. 我更可能的工作方式是____________。

a. 爆发一股猛劲。

b. 有纪律，有条理。

40. 更符合我的陈述是____________。

a. 我很容易被冒犯。

b. 我心大。

○ 结果评估 ○

在理想情况下，你现在有一张纸，上面记下了你选择的答案。你将在下面找到一个列表，该列表将各个测试问题分配给要记录的特征。这里的意思是：

E	外向	I	内向
S	实感	N	直觉
T	理智	F	情感
J	判断	P	理解

“1a=I”的意思是，1a 的问题“有时，我想了很久，却什么也没说”包含着内向型的偏好。

根据这个表，你现在就可以把你的每个答案归入合适的类型。每个答案都算 1 分。

比如，如果第十六题你选了 a，这就为偏向判断型加了 1 分。如果选了 b，就是为偏向理解型加了 1 分。

如果你两个都选，或者都没选，这道题就不得分。

最后，算算八种类型中每一种的分值，你的类型画像就是你自己在四个心理维度上的类型的总和（E 或 I，S 或 N，T 或 F，J 或 P）。

如果你在某个或某些维度上得分很低，我建议你读一读其他画像的描述。比如，如果你的外向是 6 分（与之相应，内向有 5 分），按这个结果你是 ENFJ，那就再读一读 INFJ，因为在这个维度你处于“边界”上。无论如何，最符合你的测试结果才是对的。

1a	I	11a	I	21a	P	31a	J
1b	E	11b	E	21b	J	31b	P
2a	P	12a	I	22a	N	32a	I
2b	J	12b	E	22b	S	32b	E
3a	F	13a	F	23a	F	33a	E
3b	T	13b	T	23b	T	33b	I
4a	N	14a	J	24a	E	34a	P
4b	S	14b	P	24b	I	34b	J
5a	P	15a	S	25a	F	35a	T
5b	J	15b	N	25b	T	35b	F
6a	T	16a	J	26a	E	36a	N
6b	F	16b	P	26b	I	36b	S
7a	S	17a	E	27a	E	37a	F
7b	N	17b	I	27b	I	37b	T
8a	S	18a	S	28a	N	38a	I
8b	N	18b	N	28b	S	38b	E
9a	J	19a	J	29a	N	39a	P
9b	P	19b	P	29b	S	39b	J
10a	J	20a	E	30a	T	40a	F
10b	P	20b	I	30b	F	40b	T
你的类型：							

现在，你可以查阅后面的章节了，看看你在哪些特质和倾向上是典型的。也了解一下其他 15 种人格吧，看看他们是什么特质，如何更好地与他们相处。

INTP：理论部长[1]

I = 内向　N = 直觉　T = 理智　P = 理解

理论部长是深思熟虑的观察者，他们从一种批判的角度观察周围的环境。他们一生都想学习和理解。在把所有零件拼合为完整、独立的图景之前，理论部长不会休息。到了这个程度，知识对他们来说能轻易获得，以至于他们认为不值得与他人分享。因为他们内向，所以周围的人对他们的许多想法一无所知。

理论部长是彻头彻尾的理智型，他们的额头上写满了逻辑。他们以分析的眼光看待他们所处的环境：他们对原理和原则感兴趣，试图看穿一个系统的逻辑，并为周围世界正常运作的规律设计出理论。因为是直觉型，他们处理接收到的信息的方式是，思

1　本书中 MBTI 测试出的 16 种人格类型是以“××部长”称呼的，与市面上常见的 MBTI 测试的结果中所译人格类型相对应，INTP 常被译为“逻辑学家”。——编者注

考它们的上一级关联和逻辑模式。他们对新的、独特的事物持开放态度，并对未来充满希望。然而，有疑问时，他们的理性就会占上风：如果一个新想法经不起他们的批判性分析，无论它多么独特，都入不了他们的法眼。或者，如果可能的话，会被他们修改。

理论部长头脑敏锐，能迅速发现逻辑错误和理论缺陷。理论部长的批判精神往往是隐藏的，因为他们不一定会让别人知道他们的想法。他们首先想理解和研究，而不是改变。

看穿某件事，是他们最大的满足，可几乎同时，他们又会觉得这太平庸，不值一提。但是，如果让理论部长评价一下，他们会很乐意提供详细信息。反过来，他们的弱点是不太注重把想法付诸实践，他们喜欢把这种事留给其他人做。

理论部长是不知疲倦的思考者和热情的理论家。他们喜欢沉浸在思考中并透彻地挖掘一件事，他们想把事情理解得清清楚楚。他们总是对可能会加深甚至改变理解的新信息持开放态度。理论部长是他们自己的头号批评者，他们还有很高的智力需求。正因如此，他们很难完成某事——即使完成，他们也很少对自己感到满意。

因为喜欢潜入理论世界，理论部长有时会在日常事务中有点漫不经心和杂乱无章，他们的家和工作场所会让其他人觉得乱糟糟的。反过来，理论部长自己喜欢“大杂烩”。他们很不喜欢扔东西，常常是其他人（同事或家人）或多或少迫使他们放弃某些东西。

理论部长不怎么在意他人的意见和认可。当然，他们更喜欢轻松的关系，但也可以在不和谐中生活。他们很少会心甘情愿地为了和谐而改变自己的观点。面对权威，他们同样自信。当规则有意义时，他们会服从，但不是因为它们是规定。他们尊重一个人的能力，而不是地位。他们对自己的能力也有很高的要求。

如果权威人士的行为和想法不合逻辑，他们会反抗。理论部长致力于他们认为有意义的事情，如果他们找到一个社会认可的小环境，就会拥有非常成功的职业生涯。但他们也有可能屡屡碰壁，其批判精神和专业能力有时得不到社会认可。有些人还可能因为业绩理想过高而恐惧失败，理想反倒成了障碍。

与理论部长聊天可能会极其刺激，他们独创的想法和不同寻常的观点会让你感到惊讶。他们喜欢讨论并总是提出新的观点。他们的幽默干巴巴的，有时甚至尖酸刻薄，却因此更有意思，因为他们能迅速抓住要点并直奔主题。

○ 工作 ○

理论部长不喜欢处理显而易见的事情，也不是特别实际。他们的强项在于思想的理论世界：他们善于发展、分析、批判复杂的逻辑概念和系统。他们是思考者，而不是实干家。一旦思考过程结束、概念在理论上成熟，事情对他们来说就结束了。他们当然有点好奇自己的想法是否可行，但安排具体实施方案根本不是他们的事，他们缺乏对细节的关注和实际的组织能力。理论部长更喜欢科学和研究，在自然科学、工程科学、计算机科学、经济学或哲学领域工作，他们最擅长也最成功——也就是说，他们总是沉浸在复杂的、逻辑化的思想世界。对他们来说，个人能力的发展比赚钱更重要。

他们更喜欢能让他们独立思考、不受干扰的工作。与他人的交流让他们获益甚少，因为他们更喜欢思考问题，想通后展示他们的结果。他们不仅喜欢单独工作，还需要尽可能自主和灵活，确定的规则会让他们感觉自己的创造力受到了限制。要说服和激励理论部长，最好是通过理性的论证，而不是权威。确信自己正在做有价值的事情时，理论部长会很投入地工作，而不会注意到时间过得多么快，他们甚至会完全忘记午休或下班。

领导职位对理论部长很有吸引力，因为这保证了自主性和灵活性。吓退他们的是要对员工负责这一要求，这限制了他们的独立性。理论部长以他们希望自己被领导的方式领导他人：他们让下属在很大程度上独立工作。对他们来说，这样做的好处是可以减轻工作细节的安排。然而，不论过程如何，他们都希望得到自己想要的结果。他们不重视传统的工作流程。如果他们过于频繁地改变最初的想法，就会给员工带来压力。这在旁人看来是反复无常和不可靠的，而理论部长只是在孜孜不倦地寻求改进的可能性。他们常常意识不到自己给员工带来了多少工作负担。他们看到了总体目标，却没有考虑实现目标有多么艰难。

○ 爱和友谊 ○

理论部长是爱好自由的人。因为性格内向，所以他们更有可能靠独处来恢复自己的活力。因为是理性的人，所以他们更喜欢理智的讨论，而不是卷入人际关系。他们的朋友圈子很小，但都是信得过的老朋友。朋友圈里经常有其他人格类型，将理论部长与朋友们联系起来的是共享的知识、理论兴趣和讨论的愿望。

理论部长很少坠入爱河。恋爱的浪漫感觉与他们素来理性的生活态度格格不入，但当他们真的恋爱时，会爱得轰轰烈烈。那时，他们会心潮澎湃、健谈和“不理性”。然而，随着最初的热情消退，他们的理性和内向就会慢慢回来。他们对事物的态度更具批判性，并退回到他们的思想世界中。这种转变对他们的伴侣来说可能很痛苦，因为这会让他们怀疑理论部长的感情。然而，理论部长这样做并不是因为他们不爱伴侣，而是他们对自主权的需求更加强烈地苏醒了。理论部长需要个人的自由空间，他们不想为此辩护。他们也允许伴侣享有他们自己要求的自由。然而，由于理论部长的朋友圈子很小，他们会以自己的方式与伴侣和家人保持密切联系。只要伴侣不总是要求理论部长“外向地”示爱并给予他们自由空间，他们就非常值得依赖。

与理论部长恋爱可能是一项相当大的智力挑战，因为对他们来说，爱还意味着与伴侣分享和讨论他们的知识和想法。

如果不幸的童年强化了理论部长天生内向的倾向，他们可能就会极其厌世并逃避与人建立联系。在这种情况下，他们不会大喜大悲的天性会表现为无情，这是他们从小就训练自己免受环境影响的自我保护。对于理论部长来说，反思这种趋势并分析他们的童年感受，以便在下一步更好地与之保持距离，是非常重要的。为了更好地了解自己的感受，他们应该停下来问问自己："我现在的感受是什么？"处理好自己的感受是走出人际孤立的重要前提。越能体察到自己的感受，就越容易理解周围人的感受。这样才会更有同理心和亲和力。重要的是，要质疑自己的内在信仰体系，即"独处是最安全的选择"，并审视它在成年人的生活中的现实性。

○ 为人父母 ○

理论部长想帮助他们的孩子理解这个世界，他们非常乐于回答孩子们数以千计的"为什么"。他们鼓励孩子不断提问，因为他们自己也乐此不疲。他们希望为孩子开放所有途径，并怀着极大的兴趣追踪孩子的发展。对理论部长而言，精神激励的价值远大于教孩子秩序和规矩。理论部长型父母的孩子几乎可以尝试任何他们喜欢的东西。在这方面，理论部长型父母几乎没有任何限制。事实上，理论部长往往会和他们的孩子一样兴奋地尝试新事物。这样做的缺点是，理论部长有时不怎么指导孩子，很少给孩子具体的启发，尤其是不够始终如一。他们没有意识到，他们提供的无穷无尽的可能性也可能让孩子无法独立消化和运用，以至于不知所措。此外，他们的孩子可能会陷入成绩压力，因为孩子错误地认为，只有能力和成就才能让理论部长型父母印象深刻。一些理论部长也因为性格内向，难以与孩子建立温馨的、情感上的关系。因为理性思考是他们的强项，所以他们在处理情绪时可能有点笨拙。

○ 问题与发展机遇 ○

理论部长的最大优势在于理性，他们是批判性的思想家、敏锐的分析家和称职的理论家。但如果平衡不当，即情感判断没有提供足够的平衡，这就可能成为他们最大的弱点。理论部长会用他们一味挑剔的目光让他人扫兴，他们就像恶霸一样，即使是最小的错误也会被拿来批判。他们还会用严格的标准要求身边的人，这可能会让他们显得高人一等、骄矜自负。当其他人认为他们的批评是针对个人时，理论部长常常会感到惊讶。从理论部长的角度来看，他们只是提出了一个事实性的改进建议。他们喜欢与人讨论，最好是有争议的，即使是严厉的批评也吓不退他们，最多只会让他们感觉受到了挑战。尽管如此，如果他们表达批评时能温和一点，就可以让自己和对方更轻松，先说几句认可的话就够了。如果理论部长不能出于信念而这样做（在他们看来，额外的客套话毫无意义），那么或许可以从理性的角度看：这样做，他们的改进建议会更容易被对方接受。此外，他们还可以多讲一讲引出批判性结论的思考过程，这样来柔化批评，对方就不会那么错愕了。

由于缺乏与他人的交流，理论部长有陷入理论思想世界太深而忽视现实的危险。他们清晰的头脑有一个安全隐患：他们不喜欢落实烦琐的细节。因此，他们的考虑可能完美自洽，却不切实际，因为他们所基于的事实前提不正确。他们对上层整体关联的关注诱使他们对“烦人的小事”视而不见。然而，众所周知，细节决定成败，他们的一些天才的想法恰恰会在这种小事上功亏一篑。此时，把那些对细节和现实有很好洞察力的人纳入考虑，对他们来说非常有帮助。在理想情况下，那些都是实感理智型。

由于追求完美，他们常常把自己的生活搞得太难。一种怨天尤人的悲观情绪会潜入他们心中，并挥之不去。这会腐蚀生活的乐趣，导致他们在人际关系中郁郁寡欢、暴躁易怒，进而让他们对生活更加不满，由此陷入恶性循环。他们应该克制自我批评的倾向，要意识到这也是一种过分夸大智性的虚荣，会让他们在评价身边的人时有种冷漠的自以为是。

理论部长不怎么相信感情，这是他们没有把握的领域，因为情绪无法用逻辑来理解和控制。最糟糕的解决方案是干脆忽略情感，一些理论部长确实试图如此。然而，随后让他们惊讶的是，自己竟会因琐碎的细节恼怒或沮丧。这是因为他们没有注意到，很久以来，他们都在压抑自己的愤怒或失望。他们应该学会及时识别自己的感受并及时与之对话，这样就不会如此不知所措。为了避免这种感情的淤堵，他们必须学会接受的事实是，感情不是总能“理性—逻辑”地分析。如果更宽容自己的感受，他们就可以更好地了解自己的愿望和需求，从而更清楚地表达。这会让他们以后在关系中更透明、更多理解对方。也有鼓励他们更多地训练感情的事实论据：更好的社交能力会让他们更有说服力。此外，这会使他们在评估、判断项目和想法时具有更广阔的视角。

○ 个人使用说明 ○

- 请尊重我对安静和隐私的需求！不要指望我陪你去参加所有邀约。我经常觉得和人打交道很累，更喜欢一个人待着。但我不想因此妨碍你独自出去。
- 我需要一些时间来说出我的想法，尤其是我的感受，请接受这一点。但这并不意味着我不信任你。我必须先自己想清楚一件事，然后才能谈论它。
- 请尊重我的独立性！我需要自由空间，这样才会舒服。你越限制我，我就越退缩。相反，当我完成自己的流程后，我很想和你在一起。请相信我！
- 请不要强迫我做太多按部就班的事。我喜欢按自己的方式做事，最好是在适合我的时候。放心好了！

- 请不要逼我做长期计划。我不喜欢过早地做出承诺。让我们随性一点，而不是计划一切！请不要因为我的不整洁和我对收藏的热情而生气。我心里有数，只是很难扔东西。
- 请分享我的想法和兴趣。与我讨论，反驳我，用争论挑战我。
- 我不善于处理太多的情绪。请尽量保持客观，这样我才能明白是什么触动了你。
- 请开诚布公地告诉我是什么困扰着你。我猜不出你内心在想什么，只有你说出来，我才能改变。
- 当我告诉你一个新想法时，请让我说完，不要立即认为我的想法不切实际。对我来说，具体细节一开始不那么重要，你后续的实用建议会让我更加感激你。
- 请随性些，给我点儿惊喜吧。偶尔也放一放没完成的事，和我一起享受当下。

ENTP：未来部长[1]

E= 外向　N= 直觉　T= 理智　P= 理解

对于未来部长来说，生活是永无止境的机遇和挑战。他们很好奇，也很热情。任何新的、不寻常的东西对他们来说都是有趣的。他们是身边人的灵感之源，他们的热情常常感染着周遭。在识别潜力方面，他们总是比别人领先一步，他们对新的发展和趋势有着几乎绝对可靠的直觉。现在，他们可能还会被嘲笑，但几个月后，最迟几年后，你常常不得不同意他们的看法。

在传统意义上，未来部长并不守规矩或勤奋，但如果他们真的喜欢某事，就可以热情地工作到能力和健康的极限。他们会自然而然地预见到如何把一些东西变得不同或更好。因为性格外

1　与市面上常见的 MBTI 测试的结果中所译人格类型相对应，ENTP 常被译为“辩论家”。

向，他们可以很快就对很多事情感兴趣。与此同时，他们的感知随时准备好接受并不断记录新的可能性。未来部长的职业生活和私生活可能反差极大，有时也可能不按套路出牌——至少对于周围的人来说，未来部长的灵活多变常常让他们不知所措。未来部长的生活方式其实非常一致：他们总是全身心地投入当下最令他们着迷的计划中。未来部长的长处在于发现可能性，而不是有目的地实现它们。

他们自己激情澎湃，很能带动其他人，至少在项目初期是这样的。一旦想法成熟，未来部长会很快丧失兴趣。具体的实施就靠其他人了——或者让项目停滞。为落实想法而操心，会让未来部长备受折磨。他们讨厌详细和一板一眼的工作。如果被迫这样做，他们会尽可能地随意发挥。在这个阶段，计划对他们来说已经不那么重要了，他们的新想法才更加令人兴奋。

未来部长的理性态度可能或多或少抵消了他们的心血来潮。他们对自己持批评态度，还会对自己的想法进行逻辑分析。未来部长喜欢热火朝天地讨论，他们擅长以合乎逻辑的方式阐述他们的论点，而且往往非常雄辩。他们喜欢智力挑战，喜欢提出自己的意见以供讨论。由于是理智型，他们不太在乎他人的认可，不回避对抗。

未来部长希望过上尽可能多样化、轰轰烈烈且独立的生活。他们不喜欢过早地确定下来，因为这会挡住很多意料之外的可能性。他们喜欢旅行并沉浸在新世界里，希望尽可能多地了解这些新世界。他们不看重安全感和未雨绸缪，甚至在经济上也是如此，他们宁愿寻找刺激。其他人喜欢他们的陪伴，因为他们很有趣、很幽默，总是有话说，并且乐于接受一切新事物。

○ 工作 ○

未来部长的职业道路往往非常多变，并且经常独立做事。独立创业的风险让许多人避而远之，对他们来说却是诱人的挑战。他们讨厌刻板和僵化的等级制度，如果不能突破这些，他们宁愿从事一项新的活动。如果可能的话，就换工作。工作必须给未来部长带来乐趣，并对他们发出挑战。工作和休闲对他们来说并没有明确区分。特别是，如果一个项目让他们着迷，休息时他们也停不下来。未来部长健谈又活泼——他们往往是公司的灵魂人物。

与所有直觉理智型一样，未来部长有不断扩展能力的内在冲动。他们的高智商常常让他们能够在工作中取得成功。然而，前提是他们有足够的毅力（或善于委派他人）将他们的想法付诸实践。

为了能够发挥创造力，未来部长需要尽可能自由的工作条件。如果他们认为命令没有意义，就不愿意向权威低头。他们尊重的是能力，等级和头衔不会震慑到他们。他们不因循守旧，偶尔喜欢“捉弄”一下体制。他们是极有天赋的社会关系和制度设计师。

未来部长渴望担任领导职务，因为这能让他们在体制界限内拥有最大的行动和决策空间。他们只提供目标和大方向，鼓励下属尽可能地独立工作。一方面，他们坚信条条大路通罗马，并且很好奇员工会想到哪些新点子；另一方面，如果必须给出精确和详细的工作指示，他们会很烦——他们对目标有或多或少抽象的愿景，却对通向目标的现实路径不闻不问。相应地，如果能够将这部分工作外包给其他人，未来部长会非常感激。他们用自己对项目的热情感染员工，并一路激励他们。让下属感到沮丧的是，未来部长往往在具体实施时，甚至实施前就泄气了。因为他们已经转向新的挑战，也不怎么认可员工为实现原来的项目所付出的努力。

未来部长兴趣广泛，他们可以在许多不同的专业领域取得成功。他们不太喜欢以实践或操作为主的工作，而且厌恶任何循规蹈矩的事情。他们最擅长构想层面的事，如探测未来趋势或推动新的发展。他们是优秀的组织和投资顾问，在营销领域或做记者会很成功。

○ 爱和友谊 ○

未来部长富有进取心、善于交际，并且拥有广泛而多元化的熟人圈子。他们几乎可以参加任何活动，并且喜欢“换口味”。他们也喜欢与朋友讨论事情——最好是有争议的，以开辟新的视角。

未来部长往往不愿意过早地确定稳定的关系，他们想确保自己不会错过任何东西，害怕做出错误的决定。即使他们坠入爱河，也仍然相信自己的批判性判断。他们很快就会意识到，一段关系是否存在“潜力”。他们选择伴侣时，至少在考虑建立长期关系时非常苛刻。

和所有的直觉型一样，他们对感情有着理想的想法，并试图找到一个至少与之相近的伴侣。然而，因为同时也是理智的，他们知道必须妥协，否则就只能一直单身——有些人反倒更喜欢这样。

对他们来说，伴侣关系意味着二人拥有共同的愿景，并能分享兴趣、一起做事，他们想一起讨论、一起体验、一起发展。与所有其他生活领域一样，他们希望在恋爱中有尽可能多的变化、挑战，最重要的是自由。未来部长希望在伴侣关系中尽可能自主，他们需要自由，但不想为此辩护。他们也允许伴侣这样做，因为他们相信独立的生活领域会促进关系发展。他们的优点之一是善于交际，喜欢笑，而且通常心情愉快。与未来部长相处很少会让人厌烦，他们的进取精神常常会感染伴侣。

然而，由于未来部长非常愿意冒险，他们的伴侣有时也会因为缺乏经济上的安全感而感到疲惫。面对共同计划时，他们的不稳定性和高度灵活性也可能让伴侣筋疲力尽。

与所有理解型一样，他们对计划和承诺的厌恶会上升至对固定关系的恐惧，尤其是当父母的爱被捆绑上太多的条件时。这种童年印象会让他们反感伴侣对他们的任何期待。所以，他们总会在坠入爱河后突然失去对伴侣的兴趣。骤然破裂的关系会让他们的伴侣受到巨大的伤害，他们却常常认为自己只是还没有找到合适的人选。因此，建议害怕固定关系的未来部长正视这个问题，并反思他们的童年。他们需要了解，固定关系和个人空间不一定相互排斥。

○ 为人父母 ○

未来部长希望尽可能多样化、高度支持他们的孩子。对他们来说，让孩子拥有最好的发展条件非常重要。他们饶有兴致地追踪孩子的成长、独立和心理发展，他们将抚养子女视为自己成长和发展的机会。对未来部长来说，最好的支持比教自己的孩子整洁、守规矩和举止得体重要得多。因此，他们的孩子通常非常自由、无拘无束地成长。

大多数时候，未来部长型父母并没有让孩子如何发展的具体目标。他们的愿景是抽象的，并且一定会变化。因此，所有选择都对他们的孩子开放。然而，他们有时虎头蛇尾。他们鼓励孩子尝试一切，却没有鼓励他们坚持下去。未来部长型父母高度重视智力的开发，但也许会忽略这一点——孩子们只想尽兴玩耍，需要情感关照。而未来部长却认为，他们努力为孩子打造一切发展机会，就是对爱的最好证明。在消极的情况下，他们对承诺和计划的反感会导致孩子们有些失望，孩子们会觉得他们无法真正依赖母亲 / 父亲。

○ 问题与发展机遇 ○

提高能力是未来部长的首要目标，被认为愚蠢或无能会让他们极其尴尬。因此，他们不断努力学习，开阔眼界。但是，他们很快就会陷入压力，非常不愿意承认自己的错误。因此，在其他人看来，未来部长可能有些傲慢。他们常常认为自己知道得更多，忍不住用自己的观点教训别人。他们对自己的观点深信不疑，不再接受任何替代方案。虽然他们本质上对新事物持开放态度，可一旦做出决定，就不再如此了。

由于外向，未来部长会因强烈的直觉感知带给他们的灵感而心血来潮。在他们看来，一切皆有可能——不可能的事只是需要更长的时间。他们什么都想做，最好是同时做。对他们来说，想到会错过某些东西是最可怕的。在他们的人格画像中，唯一能平衡幻想热情的，是他们做出决定的理性方式。如果理性功能不够“发达”，甚至“关闭”了，他们很快就会陷入困境，他们众多的想法甚至连一个都无法实现。由于害怕错过，他们经常同时承担太多。他们不仅缺乏计划和组织才能，而且没有实践的能力。未来部长往往根本意识不到，把他们的想法付诸实践意味着需要做多少工作。

他们对目标状态有直觉的想象，却似乎跳过了艰难达成目标的具体步骤。这也是他们规划的弱点。未来部长具有面向未来的愿景，这些愿景本身可能完全合乎逻辑，但并不意味着他们的想法是可行的。未来部长往往缺乏对细节的关注，因此他们应该始终意识到，“细节决定成败”。

对于这些问题，他们的理想顾问是实感判断型：实感型脚踏实地，非常接地气；因为是判断型，所以他们以系统化和结构化的方式做事。未来部长肯定不会喜欢实感判断型相对保守的批评，但实际上他们会把抽象愿景拖入现实，发现未来部长自己意识不到的弱点。如果未来部长确实想落实自己的想法，还是建议他们认真对待实感判断型的评估。

如果未来部长能下定决心分清主次，而不是同时什么都做，他们就可以活得不那么累。这对他们来说通常很难，因为他们不想错过任何东西。反过来，如果一切都只是开了个头就潦草地结束，甚至根本不能完成，错过的事情会只多不少。他们的时间管理不好，应该强迫自己习惯每天和每周的计划。清晰的时间表和结构将帮助他们不必每天做出新的决定。比如，可能像这样：每天早上 8:00 到 8:15 查看电子邮件，8:15 到 11:15 做当前的项目，11:15 休息一下，等等。清晰的结构可以让他们心情更平静、工作更高效。对待办事项也应该这样列出清单。

不论对自己还是他人，未来部长都有很高的智力要求。因此，他们的判断有时候相当无情。他们很少拐弯抹角，所以可能会无意中伤人。应该记住，除了能力，还有其他值得认可的品质。如果能让批评稍微柔和一些，或者干脆别讲出来，尤其是在伤害大于帮助的情况下，他们就会让自己和他人轻松很多。如果加强共情，他们会让自己的人际关系，特别是恋情更加和谐。为此，他们需要密切关注自己的感受。因为只有知道伴侣临时取消约会时自己的感受，知道自己是失望的，才能理解其他人在这种情况下可能的感受。在我们的社会交往中，尤其是男性，往往压抑悲伤、无助、恐惧或失望等软弱的情绪，只允许表现出愤怒或喜悦等强大的情绪。然而，这会阻碍他们共情。比如，当伴侣说，她因为与最好的朋友发生冲突而感到悲伤和沮丧时，男性未来部长提供的快速解决方案会让伴侣无法理解。像理论部长一样，他们的情感生活也经常不怎么成熟。我同样建议未来部长，一天中时不时地停下来观照内心，不断让自己意识到自己的感受。越多地观察和反思自己的感受，就越能理解身边人的情感生活。

○ 个人使用说明 ○

- 请先听我说，不要马上评判我的想法。不要过于悲观，而是要鼓励我继续跟进我的想法。
- 请认可我很有创造力，几乎对任何问题都能想出解决的方法。
- 请冲动一点，上进一点！我喜欢社交和集体活动，我受不了没有这种交流。如果你不喜欢，请让我一个人去。之后我会回来，更多地陪在你身边。
- 请给我自由，别让我去为自己辩解！有时候，我只是想做“我的事”。如果什么都要解释，我会感到局促和不满。我很乐意与你分享一切，但我想自己决定何时分享、分享到何种程度。

- 请不要强迫我，让我用固有的方式做太多的事。我喜欢按自己的方式做事，有时候也尝试新事物。
- 请不要指望我早早就确定下来。我喜欢随性而为，抓住当下的机会，否则我会觉得自己错过了太多。
- 请时不时地放一放没完成的事，分享我的某一个疯狂的想法！或者更好是：用某种冲动的行为给我惊喜吧。
- 别在意我的混乱。对我来说，整个系统才是关键，秩序对我来说并不重要。
- 永远不要公开质疑我的能力，也不要取笑我。在这一点上，我很容易受伤。
- 请与我交流！给我讲讲你自己，听我说说我自己。
- 不要只和我谈论日常、关系和感受，也谈谈你的愿景和你对特定话题的看法吧。与我讨论，用论据挑战我，必要时与我争论。我也喜欢在这个层面上交流想法、衡量自己。
- 请不要认为我的批评是针对你的！有时，我说的比想的快，事后我会后悔。再说了，我指出错误的时候，不是想伤害你，而是在帮助你。
- 如果有什么事困扰你，请坦率地告诉我！我猜不透你的内心在想什么，只有你和我谈谈，我才能改变一些事情。

INTJ：战略部长[1]

I= 内向　N= 直觉　T= 理智　J= 判断

战略部长喜欢挑战和尽善尽美。他们能识别潜在的和未来的前景。他们在智力上高度独立：只接受在他们看来合乎逻辑、有说服力的观点。他们对一个人的权威、地位或等级不感兴趣，口号、标语或任何流行的东西都不会影响他们。对于大多数人的意见，他们一开始基本上都持怀疑态度。他们很了解自己的智力优势，并高度自信。因此，他们能轻松地做出决定，哪怕是很重要的决定。然而，与理论部长不同，他们非常重视想法的落实，没有实际意义的理论很快就会被他们抛弃。

战略部长认为，无论已经运作得多好，一切仍然可以改进。

1　与市面上常见的 MBTI 测试的结果中所译人格类型相对应，INTJ 常被译为“建筑师”。

战略部长的新创意永远用不完。然而，他们不太会把灵感讲出来——除非你直接去问。

战略部长注重逻辑体系和理论概念，他们会实事求是地分析它们并创建新计划。逻辑错误会自动引起他们的注意。他们能看到闲置未用、仍可开发的潜力。战略部长能凭直觉意识到如何改进某事，而不需要左思右想。然而，对于如何最好地表达批评，他们有时候不太注意。

凭借准确的判断，他们不只是能交到朋友。战略部长通常不会把自己的思路说出来，或者只有在考虑成熟、对事情胸有成竹之后，才会分享他们的想法。

对于战略部长来说，自己的思路是如此清晰。如果别人不理解，甚或啰唆起无关紧要的细节问题，他们就会不耐烦。毕竟，处理细节不是他的事。他们的具体感知不怎么突出——只是笼统地感知周遭，他们感兴趣的是主线，是最重要的概念。

战略部长可以用他们的想法“移山”。只要思虑已久、反复衡量过，他们就会对自己的构想深信不疑。一旦想法成熟，即使有理性的论据认为不可行，也很难让他们改变心意、放手不做。他们会捍卫自己的观点，不怕任何对抗。

战略部长是天生的战略家：他们非常谨慎地制定和检查方案，并计划其实施。他们内向、有条理，有足够的耐心筹谋策划，不会急于求成。他们足够理性，可以批判地反思自己的想法。与所有判断型一样，他们喜欢完成事情，尤其是当涉及他们自己的愿景时。与所有直觉型一样，他们不会被阻力吓到，反而会因此受到激励。他们也有直觉型的原则，即认为不可能的事情虽然需要很长的时间，但不会遥遥无期。

战略部长善于从事脑力劳动，他们不仅经常在工作中追求智力活动，空闲时也会大量阅读、学习新语言或钻研计算机系统。他们喜欢斟酌哲学问题并致力于理论知识的学习。在他们看来，一个人知道的永远不够，所以他们抓住一切机会学习。对他们来说，知识本身就是有价值的，而不是为了诸如事业之类的目的。知识是他们个人决策和立场坚定的前提。

战略部长的另一个特点是他们有强烈的正义感。他们坚持正义的事业，不管自己是否会受到伤害。这是因为他们思想非常独立，而且不受他人评价的影响。由于思想独立，在涉及社会变化和改革时，他们的思考通常新潮且具有前瞻性。

○ 工作 ○

许多战略部长的事业成功是因为他们有能力，且目的明确。他们会被能够发挥自身最大优势的工作吸引，分析体制和概念的变革潜力、创新设计、规划并目标坚定地落实方案。战略部长不乏新想法，他们希望最好能同时把控一切。然而，因为他们的组织性和结构性太强，所以他们会抑制这种冲动。战略部长在所有需要抽象、逻辑思维和系统方法的行业中都能成功，他们是热情的科学家、计算机科学家、工程师、记者或组织顾问。他们喜欢在管理岗位上工作，因为这为他们提供了最大的规划自由。

战略部长更喜欢单独工作。如果在开始工作前必须先培养人际关系，他们会觉得很累。与志趣相投的人（其他直感的理智型）合作，效果最好，因为不必向对方没完没了地解释自己的想法，他们也不期待任何“社交预热”。当然，必要时战略部长也可以在团队中工作。然而，他们的基本态度更多是任务导向，而非关系导向。但他们需要同事帮助他们实现自己的想法，尤其是涉及烦琐的细节和常规工作时。大多数战略部长不得不为此“搞关系”——对他们来说，这才是真正的工作。

战略部长希望能够尽可能自主和灵活地工作，他们害怕扼杀创造力的日常事务。反之，如果可以放手实施自己的想法，他们工作就会非常投入，往往超过要求的标准。挑战他们精神的任务最能激发他们的积极性。然而，如果日常工作能让他们获得高薪，他们也会更认真、更努力地工作。虽然战略部长不喜欢细节或按部就班的工作，可他们目标足够明确，需要时也能投入这些任务中，但不是心甘情愿的。

由于战略部长雄心勃勃，他们通常能晋升到领导职位。此外，他们也喜欢参与并推动事物成型。他们的领导风格和工作风格同样以任务为导向。他们主要要求高效的工作，不太在意和谐的工作氛围。对于战略部长来说，项目顺利完成就是最大的满足。只要能成功，他们所付出的一切努力都无足轻重。因此，他们很少想到明确地表扬员工。他们认为成功就是足够的赞许。然而在这一点上，他们常常是错的，他们的员工会因为自己的努力没有得到相应的认可而感到沮丧。许多战略部长已经听说，员工如果能时不时地听到赞美就会更有动力，因此他们也会努力这样做。

如果战略部长没有及时让其他人知道他们的计划，就可能出现问题。这时，员工会觉得他们被迫面对既成事实（或者至少是为达成目的而敲定的计划）。因为发言权太少，他们很难认同这个项目，相应地，工作也没有动力。如果战略部长处于下属地位，他们可能会让老板认为他们越俎代庖。最坏的情况是，老板会让项目构想告吹。如果战略部长让其他人尽早加入审议，将对业务合作大有裨益。这样，他们不仅可以更有说服力，还能从其他人的建议中受益。

○ 爱和友谊 ○

战略部长是重视自由的独立人士。一方面，他们性格内向，因此本身并没有密切交流的强烈需求，反而乐于独处；另一方面，他们是理智型，更容易进入事实讨论，而不是情感关系。如果不仅仅是点头之交，战略部长建立人际关系的速度就会很慢。让他们信任到可以私下聊天，需要时间。

战略部长维护的朋友圈小而精，要有共同的兴趣和话题才行。他们的友谊长久、稳定，而且圈子也不易扩大。他们很少主动寻找新朋友，通常现有的友谊足以满足他们的人际需求。他们和朋友不一定需要定期和频繁会面，即使很久不联系也可以亲密如初。

对于战略部长来说，爱意味着与伴侣分享愿景并共同进步。和大多数直觉型一样，他们会设想理想的模型。因为是理智型，所以他们的恋情理想不看重情绪方面（彼此的感觉如何），而是让关系良性发展的相当具体的想法。他们对伴侣的要求很高，这会让后者觉得自己不够好。但与此同时，战略部长也非常重视私人关系的和谐。所以，要降一降要求才行。为此，他们必须让自己对弱点有更大的包容度。不仅是对伴侣，对自己也应如此，因为更大度地面对自己的弱点，是对他人温柔以待的最佳前提。

要想和战略部长感情甜蜜，就要懂得如何对待他们。伴侣务必尊重战略部长对空间和隐私的需求，他们需要时间才能真正融入密切和彼此信任的恋爱关系中。如果懂得如何与战略部长相处，他们就会成为非常贴心和忠诚的伴侣。那时，伴侣和家庭就会成为战略部长情感和社交的绝对中心。正因为他们的朋友不多，伴侣和家庭才是他们生活的“中心暖源”，他们会从中汲取力量，以更独立、更强大地应对世界。

如果战略部长对关系的理想无法与现实协调，他们会非常失望。总的来说，一旦他们有了成熟的愿景，就很难再放弃理想。

战略部长经常让人感到冷漠和疏远，至少乍一看是这样。他们很难表达好感，尤其是爱，至少很难说出口。他们的爱表现在行动中，哪怕处境和生活都非常艰难，他们也无怨无悔。

有些战略部长的情感隐藏太深，连他们自己都无法觉察到。在这种情况下，战略部长会与伴侣保持距离，后者则会因此而痛苦。然而，如果要求战略部长与伴侣更亲密，他们会很快感到压力。他们根本不喜欢感情戏。若想赢得一个逃避稳定关系的战略部长，需要有很大的耐心，需要温柔地、不咄咄逼人地关注他。

○ 为人父母 ○

战略部长是非常用心的父母，他们希望为孩子提供多样和持久的支持。孩子是他们生活的中心。因为他们自己非常看重独立性，所以他们也会给孩子按照自己的方向发展的自由。战略部长不遗余力地支持孩子，并为他们提供实现理想的条件。只要战略部长不过高要求孩子并给他们足够的自由来玩耍和娱乐，这应该会奏效。一些战略部长型父母的弱点是，他们对理想成绩的要求太高，让孩子压力太大。

战略部长是非常负责任的父母，但他们应该反复告诫自己，教育不仅意味着用功，还意味着乐趣。孩子需要父母在学习上的一贯支持，但也渴望与父母在一起时轻松、愉快。如果战略部长能实现这种平衡，那么从积极的意义上来说，他们就是众所周知的虎妈（虎爸）。

○ 问题与发展机遇 ○

战略部长是天生的战略家：一旦他们的某个想法成熟了，就很难让他们放手不去有针对性地落实它。使看似不可能的事情成为可能，一方面是战略部长的一种伟大的才能；另一方面，这可能会让他们遭遇种种麻烦。最坏的情况是，可能会导致他们一败涂地。

有时，战略部长会执迷于自己的想法。一旦下定决心，他们就会一条路走到黑，顽固地对明显的障碍视而不见。如果战略部长能更灵活一些，会对他们自己很有帮助，更加开放的态度有助于他们意识到条条大路通罗马。只需要把目光调到“广角”，就能继续发挥自己的优势。

战略部长看不到落实计划的困难，让其他人尽早了解他们的想法，并认真听取可能的反对意见，对他们会很有帮助。实感型处理问题更务实，特别适合做他们的顾问。很多战略部长自己也知道，他们对具体事物的认识能力很差。因此，一些战略部长会强迫自己特别注意这一点。然而，刻意的细节感知会妨碍他们整体分析性的思维。在细节上殚精竭虑的战略部长可能会压力爆表，因为这本来就不是他们的天性。当被太多他们认为不重要的细节淹没，或太多的信息向他们轰炸过来时，他们就会感到压力。像许多内向的人一样，他们对噪声、忙碌和他人频繁的打扰很敏感。他们需要独处的时间内外静修，应关闭所有刺激源，最好是睡觉或做一点放松的事，比如园艺、运动或烹饪。

如果能稍微训练一下用情感做决定，战略部长会活得更轻松。这能让他们的伴侣更好地了解他们的想法。如果战略部长多关注他人的需求，他们自己也可以获得更多支持。如果假设他人会像他们自己一样对某些想法充满热情，那战略部长就犯了一厢情愿的错。因此，至少在需要他人支持时，战略部长绝对值得考虑一下，如何让他们接受自己的计划。在所有人际关系问题上，情感型都是他们的好顾问。不论是在私生活中还是职场上，情感型都可以帮助战略部长更好地了解周围人的需求和感受。理性的战略部长经常觉得对方的感受不合逻辑——如果他还能注意到的话。情感训练也会让他们的亲密关系更加和谐。如前所述，战略部长的感情主要体现在行动层面，这可能让喜欢更多甜言蜜语的伴侣沮丧。有时，伴侣还会忽视战略部长按他们自己的方式为伴侣关系所做的努力。如果表达爱意对战略部长来说真的那么难，那么不妨通过温柔的手势和目光来传递情感的依恋，伴侣也会很高兴的。

除此之外，他们应该像所有直觉的理智型一样，更多地关注自己的感受并给情感更多空间。因为对自己的感受越敏感，就越容易理解他人。这样，他们的人际关系就会更和谐、更简单。对别人的项目发表看法时也要如此。战略部长常常是一番好意，但批评他人太直接。当被批评的人受到伤害，气愤地拒绝战略部长善意的改进建议时，他们会觉得莫名其妙。如果在批评之前先说几句赞赏的话，对方就更容易听进去了。即使战略部长认为这是多余的，他们也会发现，这样做，他们的意见更容易被接受。

战略部长之所以如此成功，是因为他们孜孜不倦地寻找改进的方法。然而，这种上进心可能会给别人带来很大压力，因为他们无法真正取悦战略部长。特别是在亲密关系中，战略部长应该小心，不要让伴侣有挫败感或压力太大。如果偶尔也能睁一只眼闭一只眼，他们自己也可以轻松得多。他们常常错过当下的快乐，因为他们太过专注未来。

和所有内向 / 直觉 / 理智型一样，他们可能会把自己隔绝在社会之外，特别是如果在童年和 / 或成年生活中有过创伤。虽然他们习惯独处，但在这种情况下，他们会陷入孤独。此时，他们的理智有助于他们反思自己的行为。重要的是，他们要学会更好地理解自己的情感生活。对于这种反思，心理咨询类的书籍可以帮助他们，虽然这不是他们平时最喜欢的读物。

○ 个人使用说明 ○

- 请分享我的愿景！不要马上批判，先听一听。细节对我来说不是那么重要，所以请不要因为一些小事行不通而劝说我打消主意。我更在乎上层的理念！
- 对于尝试新事物，请持开放的心态，不要仅仅因为我的建议有点不寻常就拒不接受。

- 我需要独处的时间，尤其是在紧张的一天之后。那时，我最喜欢沉浸在自己的爱好中，因为这样我才能好好清静一下。请给我这个自由空间，不要因此觉得我冷落了你。之后，我会回来好好陪你的！
- 如果你能分享我的兴趣，我会很高兴。我从不倦怠提升自己，如果我们能一起这样做，我会很开心。
- 不要期待太多情话。我不怎么说的，可凡是说出口的话，都是我深思熟虑过的，是我坚信不疑的，把它们存在你能随身携带的记忆百宝箱里吧。也请你看到我对你的高度忠诚。请支持或尊重我的事业心和职业规划，工作对我来说非常重要。讨论事情的时候，请给我时间，让我把答案想清楚，即使我用的时间比你长。如果把我逼得太紧，我就很容易变得固执，或者说出可能不是我本意的话。尤其是你想跟我谈感情的时候，我需要时间和耐心，因为这不是我的强项。请不要认为我的批评是在针对你，其实我是好意，只想帮助你，虽然我不是总能这样表达出来。
- 如果有什么事情困扰或者伤害了你，请坦率地告诉我。只有知道你对我的期望，我才能懂你。
- 请不要苛求我随机应变。我喜欢并需要清晰的时间表，尤其是当我有压力的时候。如果你无法兑现承诺或计划有变，请及时告知我，我会调整的。虽然我喜欢尝试新事物，但最好是有计划的！

- 请不要拉着我参加太多的活动，太累了。我很愿意陪你，但我也需要把时间留给自己。我不介意你一个人出去。
- 请欣赏我对社会的贡献，如果我为此花了很多时间，请不要嫉妒。你也可以为我感到骄傲的。

ENTJ：主管部长[1]

E= 外向　N= 直觉　T= 理智　J= 判断

主管部长是自信而有执行力的人。他们知道自己想要什么，并有目的地为之努力。对他们来说，生活意味着挑战，天上掉下来的馅饼，几乎会让他们感到无聊。主管部长求知若渴，喜欢讨论，总是尽可能从新的角度看待复杂的问题。他们是天生的分析家，能很快掌握情况，然后积极、有效地落实想法。

他们人格画像的核心是外向表现的理性判断，这意味着他们会从某种批判距离观察并分析周围的环境。凭借审视的目光，他们很快就会意识到错误和矛盾。因为是外向型，所以他们会直接而坦率地进行批评，这会让被批评的人感到不太舒服。尤其是男

1　与市面上常见的 MBTI 测试的结果中所译的人格类型相对应，ENTJ 常被译为“指挥官”。

性主管部长，他们很少考虑自己的话（对情感）造成的影响；对他们来说，重点是手头的事情。主管部长喜欢讨论不同的观点，喜欢接受智力挑战，喜欢与人争论并取胜。他们不容易被说服，因为他们的立场非常鲜明。但是，如果对手成功了，主管部长也会心悦诚服。能力强和机智通常会让他们印象深刻。

主管部长人格的另一个特点是抽象感知力强，他们对大局、复杂的模式和系统眼光犀利。他们喜欢处理理论和抽象概念，关注点容易落在未来的可能性和变化上。他们对过去或现在不怎么感兴趣，而是更关注可能发生什么——主管部长非常注重面向未来。

由于主管部长的类型特征，他们具有落实想法的最佳先决条件：他们有完成事情的决心，尤其是那些他们很看重的自己的想法。与所有直觉型一样，他们不喜欢处理细节和常规任务，但他们足够自律，必要时可以处理和完成。他们是理智型，这意味着，他们会对自己的想法进行批判性分析，并检查它们是否存在逻辑错误。一旦做出决定，他们就会理性地处理整件事，会选择最有效的方式来实现他们的目标。他们不会为了取悦别人而走弯路。作为外向型，他们善于交际，有能力让他人对其想法感到兴奋，这反过来又增加了他们想法落实的可能性。

正是这种品质的组合使主管部长成为天生的领导者，据说他们不能不做领导。由于他们性格果断、目标明确，而且无论如何都要达成目标，他们会不由自主地以有利于实现目标的方式安排周围的一切事物和人。如果你不想被主管部长安排，不愿意为他的事业服务，就必须非常明确地拒绝。

由于性格外向，主管部长可能是非常有趣、搞笑的伙伴。他们中的许多人讲起故事来都引人入胜，他们的幽默主要来自他们对身边人和环境的批判性看法。然而，这种活泼只是他们人格中很小，甚至是很表面的部分，其人格核心大多表现为雄心勃勃，并为自己设定了高标准。他们总是有很好的想法，没有什么比超越目标更能让他们高兴的了。对于他们来说，接受“不”与承认障碍无法克服一样困难：主管部长不会放弃。主管部长通常在很早的时候就制定了明确的人生目标，然后始终如一地坚持，而且大多数时候都能实现。他们很难“躺平”，或去做不符合大目标的事。他们通常不会把时间浪费在愉快的消遣上。

○ 工作 ○

主管部长需要挑战他们智力的工作，他们喜欢分析复杂的问题，制定解决方案并尽可能高效地组织落实。当心中有可以认同的目标时，他们就会努力工作，雄心勃勃并非常有动力。他们的做事方法是有目的和结构化的。主管部长最有可能从事技术行业或商业，最好是做管理工作。在社会领域工作时，他们关注的重点不是“为人服务”，而是结构良好的组织和解决问题的方案。

主管部长的工作非常注重以任务为导向，对他们来说，事实很重要。他们不期待协作和谐，而是希望高效。处理任务时，他们会给自己立下规矩，也希望别人同样遵守。如果他人没有立即理解他们的想法，或犯下他们认为会耽误目标实现的愚蠢错误，他们很快就会变得不耐烦。

主管部长不愿意在安静的小房间里独自工作，他们更喜欢被人包围。然而，与他们合作并不总是那么容易，他们通常认为自己最了解如何解决问题。为了坚持己见，他们不会回避对抗，哪怕要顶撞上司。然而，因为幽默、外向，很多主管部长的人缘很好，这使得他们的好斗更容易得到包容。

主管部长只有在规则对自己有意义时，才会服从。否则，他们会千方百计改变或回避规则。主管部长不从众，对任何新奇、独特的事物都持开放态度。

主管部长需要一份尽可能独立并能落实他们想法和愿望的工作。他们不喜欢听怀疑者啰唆，也不会因此打消自己的主意。他们足够自信，能自己做主。因此，主管部长在管理岗位上状态最好。此时，他们可以按自己的想法自由施展。在此过程中，他们不仅自己全力投入，而且会要求员工尽可能马力全开。

他们通常很清楚员工的优缺点。他们擅长部署员工，让每个人都能尽其所能，为实现目标而贡献力量。他们因私自做出决定而激起别人的愤怒和抵制的情况并不少见，因为他们不关注别人的需求，而是关注工作是否高效。主管部长做老大不一定受欢迎，但在他们的领导下，员工的工作会非常出色。

○ 爱和友谊 ○

主管部长拥有庞大而丰富多彩的朋友圈，他们合群、有干劲、兴趣广泛。友谊对他们来说比一起玩乐更重要，他们想通过与朋友交流来提升和学习。他们喜欢在讨论中挑战对方，并不断从新的角度阐明问题。主管部长希望他们的朋友不要因为他们的直截了当而生气，而是能够接受批评。敌意对他们来说压力太大了。

至于伴侣，主管部长很早就有了非常明确的想法。他们确切地知道他们对伴侣的期望，并且不太愿意妥协。他们可以冲动、疯狂地坠入爱河，但他们的理智总是很快就占了上风。他们理性地权衡这段关系是否符合他们更注重的生活观念，他们寻找与他们有共同目标或至少支持他们的伴侣。像所有的抽象型一样，他们也有自己对关系的愿景。虽然这也涉及与伴侣的情感联结，但重点是如何进一步共同发展。为此，他们不仅对自己提出很高的要求，对伴侣也是如此。伴侣应有强烈的个性、多样化的兴趣并高度自立——至少女性的主管部长希望如此。男性主管部长有时更喜欢合拍的女性伴侣，她们要尽量接受主管部长对工作的高度投入。如果他们因此常常不在家，伴侣也要尽量别抱怨。

主管部长虽然性格外向，却很难表达自己的感受。他们更善于寻找事实论据，而不是谈论感动他们的事情。这是因为他们是非常理性的类型，在处理情感时很腼腆——至少在两性关系中是这样。

主管部长是单枪匹马的战士，他们非常独立，并且不愿意妥协。在人际关系中，这会一再引发冲突，因为伴侣感觉自己受到了冷遇，没有得到重视。主管部长的内心在其对关系的渴望和对独立的渴望之间来回撕扯。有能给足他们自由同时又独立的伴侣，会让他们最舒服。反过来，他们也足够宽容，允许伴侣独立。这并不意味着主管部长想把伴侣排斥在所有生活领域之外。他们喜欢讲述和讨论自己的经历，但不愿意被人左右或受时间的限制。对于许多主管部长来说，工作是第一位的，他们会为之投入大量的时间和精力。他们希望伴侣支持或至少容忍他们的事业心。

○ 为人父母 ○

主管部长型父母对孩子有明确的规划和目标，他们会全心全意地支持孩子，并为他们的发展创造最佳条件。他们为孩子树立了目标性强、直截了当和锲而不舍的榜样，因为这些是他们自己的核心价值观。他们的教育以规则明确为特征，如果违反这些规则，后果也同样清清楚楚。

主管部长型父母必须小心，不要对孩子过于苛刻。即使他们为孩子设定的目标是值得为之奋斗的，也必须意识到孩子想要的或者能够做到的可能与之完全不同。在主管部长看来，只要足够努力，（几乎）一切皆有可能。因此，他们往往雄心勃勃。如果孩子不具备必需的才能，无法实现父母的目标，他们可能很难接受，尤其是男性主管部长在教育过程中可能过于专制。对于女性主管部长来说，理性因素本身在某种程度上被女性基因柔化了——她们通常能够更好地给足孩子自由。主管部长千万别忘了，孩子做得好，就要表扬。

主管部长对他们的孩子非常疼爱，尽管有时他们很难表现出这种深厚的感情。主管部长型父母的另一个加分点是，他们的家庭氛围热闹、轻松。主管部长生来就充满活力和干劲，很少死气沉沉。

○ 问题与发展机遇 ○

主管部长最大的优点是果决，还有他们为实现自己的想法而奋斗时的细致计划，但这也可能对他们不利。这从他们打定主意时就开始了：虽然主管部长会对他们的想法进行逻辑分析，但他们有时做决定太快了。这意味着他们搜集信息的时间不够长，无法做出正确的决定。主管部长有速战速决的冲动，这就是他们犯错的一个根源。在搜集到足够多的信息以确保无虞之前，先不要做决定，这对他们是有好处的，尤其是那些不在其能力范围内的领域。

与所有抽象型一样，另一个犯错的根源是他们不愿关注细节。这意味着他们的绝妙想法有时会无法落实，尤其是当主管部长近乎顽固地坚持己见时，这会很成问题。如果主管部长能征求他人的意见并认真对待，就可以让事情变得更容易。尤其要重视实感型的建议，他们对执行计划时可能出现的实际问题有着敏锐的洞察力。主管部长必须意识到这些实际问题，才能舍弃那些极具创意但可惜无法实现的想法。

主管部长的另一个绊脚石可能是他们低估了“人”这个因素。由于直言不讳，他们可能会让员工心存芥蒂，从而打消其积极性，甚至会通过一些小的破坏行为来报复。在这种情况下，听从情感型的建议会让主管部长受益。这些人通常很会评估身边人的需求和愿望。将这些考虑在内，才能真正“得到回报”，因为工作氛围会因此变得更和谐、更团结。然而，如果理性因素不是太明显（许多女性主管部长就是这种情况），主管部长就可以成为优秀且很受欢迎的老板。他们做事利落、头脑清晰，但同时也很有情商。此外，主管部长的风趣和机智也会让员工心悦诚服。

像所有理智型一样，多多关心自己的情感生活对主管部长有好处。越关注自己的感受，他们就越容易与周围的人共情。

有意识地把目光转向内心，并问自己：“我现在的感受是什么？”这就够了。尤其应该比平素留更多一点空间给悲伤、无助或恐惧之类的感觉。这样，他们可以更好地反思并“柔软”一点。这对他们培养同理心有很积极的效果。他们的人际关系会因此变得更加和谐和充满爱意。多关注软弱情绪的另一个理由是，有时它们会转化为愤怒。例如，如果主管部长强忍受痛苦而不是把它说出来，就会变得易怒和情绪化，这会给他们的人际关系带来不必要的压力。允许自己有更多软弱的感受，并且尝试与亲近的人谈论它们，会有益于他们的内心平衡。

主管部长不太可能过早放弃，他们更有可能固执己见，不想承认自己会失败。尤其是当判断型很强的时候，主管部长很难和他们的想法说“再见”。他们是极有战斗力的人，然而在某些情况下，放手是最好的解决方案。因此，在涉及项目的前景时，主管部长应始终保持批判性的距离，而且非常重要的是，不要将放弃视为个人失败。对于主管部长来说，这则关于从容的优美格言尤其适用：“亲爱的上天，请赐予我从容，去接受我无法改变的事情；请赐予我勇气，去改变我能改变的事情；请赐予我智慧，让我区别此与彼。”

有时候，根本没必要放弃计划，只需要退几步，搜集新信息，再试一条路就够。但即使如此，主管部长有时还是会恼羞成怒。

当一个想法失败时，主管部长会严厉地审判自己，并将其视为个人的无能。正是因为对自己的工作和事业如此执着，他们才会特别失落。让自己变得更从容，对主管部长是有益的。少关注一点事业，多关注些生活和享受，会对他们有所帮助。因为工作可能会成为生活的中心，他们已经无法真正放松下来享受生活了。主管部长应该在休闲和关系领域更多地运用他们的远见卓识，那会是值得的。

○ 个人使用说明 ○

- 请听我说，让我说，让我讨论、大声发言并提出新的想法！我需要和别人交流。
- 请鼓励我对成长和发展的追求，并陪伴我。请理解我需要挑战并总是想走得更远。
- 请听听我的想法和愿景，并加入我的思考。首先尝试理解我最重要的想法，不要立即对某些细节刨根问底。这会让我很不耐烦，因为一开始它们对我来说并不那么重要。
- 请相信我的想法和能力！请永远不要在别人面前质疑我。
- 支持或至少接受我的职业生涯规划，以及我把大量的时间和精力投入工作中。进步对我来说很重要。
- 请不要认为我的批评是针对你！我想和你交流看法，甚至是想获得一种新的立场。
- 我不想伤害你或自命不凡。
- 你据理力争时，给我留下了深刻的印象，你甚至可能最终用你的论点说服我。请不要回避争执！
- 什么困扰着你或伤害了你，请坦率地告诉我！不要为了和谐而遮遮掩掩。只有你跟我说，我才会改变。

- 请守时守信。没有什么比虎头蛇尾的项目更让我讨厌的。如果已经迟到或计划有变，请及时通知我，并尽可能解释原因！
- 尊重我在日常生活中对常规和结构的需求。知道将要发生什么，我会感觉更好。
- 和我出去应酬，我需要和别人交流。如果你不想陪我，我也会一个人去，请接受这一点。

INFP：美德部长[1]

I= 内向　N= 直觉　F= 情感　P= 理解

美德部长是可爱而谦逊的人，他们灵活且适应性强。然而，如果你们彼此不太熟悉，他们可能会表现得冷静而内敛，但他们一点也不冷酷。像许多内向的人一样，美德部长“静水流深”。通常要认识一段时间后，你才会真正了解他们，因为他们不会轻易表露内心的感受。美德部长很低调。

美德部长的特点是他们强烈的情感判断。他们有非常独特的内心价值体系，其核心是由社会和人际价值构成的。他们所做的一切以及他们周围发生的一切，都会被这个价值体系过滤。美德部长力求正派，即要按照自己的价值观生活，并在生活中身体力

1　与市面上常见的 MBTI 测试的结果中所译的人格类型相对应，INFP 常被译为“调停者”。

行，他们平易近人、热心、细心、乐于助人、慷慨、可靠和忠诚。他们可以说是童话中的英雄，是勇敢的王子（公主），是信仰的捍卫者，是道德和正义的守护者。他们对尊严和体面有敏锐的感知力，也愿意捍卫自己的价值观。当价值观受到侵犯时，素来能忍的美德部长会暴跳如雷，这有时候会让其他人大吃一惊。更何况，因为性格内向，他们之前并没怎么谈论过自己的价值观。

美德部长将目光投向未来的可能性和总体布局，他们一直在寻找能够让世界变得更美好的方法。他们不仅是第一批“战斗在革命前线”的人，而且在日常生活中也不断力求“做得更好一点”。他们严格审视自己的一举一动，致力于让精神和灵魂完美无瑕。对他们来说，进一步的发展意味着消除，至少是减少性格的缺陷。他们从未忘记自己的人道主义愿景，并希望在日常生活中实现自己的理想。如果对自己太苛刻，他们就有可能对他人也严酷。那么，他们原本的善意可能会变成一种狭隘的不宽容，从而打压所有在他们眼中生活方式肤浅的人。在涉及社会和 / 或环境问题时，他们中的一些人倾向于“激进的原教旨主义”。

美德部长的另一个特征是有很强的抽象感知能力。像所有直觉型一样，他们关注整体布局、可能性和未来。

美德部长想与自己、与世界和睦相处，他们乐于帮助他人找到自己的路，发现自己的能力并发展自己的才能。

因为非常关注可能发生的事情和身边人的潜力，所以他们有时缺乏对现实的关注。在日常生活中，美德部长可能会有点迂腐和笨拙。日常必需品常常缺这缺那，它们被忽视和遗忘了。一些美德部长是典型的心不在焉的教授，他们沉浸在自己的思绪中，忘记了购物等日常生活琐事。直到饿了，他们才发现自己站在空空的冰箱前。

他们的家和工作环境可能看起来杂乱不堪。一方面，美德部长很难割舍对他们有情绪意义的事物；另一方面，他们通常同时做几个项目，这至少表面上造成了混乱。美德部长通常对有待处理的事情了然于心，但是 P 因素（理解型）会让他们做很多事情都虎头蛇尾。

如果美德部长的社会价值体系发出警报，那么他们宁愿避免冲突。他们重视和谐与平衡，喜欢退入“背景”。他们常常把不满和愤怒强咽下去，这对他们的身心健康可不一定是好事。他们不怎么好强，也没什么虚荣心，是但行好事的低调服务人员。然而，当做出的贡献没有得到充分认可时，他们有时会感到失望。

与所有直觉情感型一样，美德部长追求正直和自知，他们不断质疑自己和自己的生活方式。由于标准高，他们的自我批评意识非常强。正因如此，他们永远无法达到他们渴望的完美。理解因素让他们不断寻找其他方式来塑造自己的生活，而在这个自我认识和自我质疑的过程中，他们永远不会得出最终的结论。他们总是乐于接受新的见解，对不同的生活方式非常宽容。然而，他们的容忍限度是由他们的社会价值观明确界定的。

○ 工作 ○

美德部长需要一份能符合其内在价值体系的工作，否则他们很快就会精疲力竭。对他们来说，做有价值的、对他们自己有私人意义的工作比赚钱更重要。美德部长喜欢也有能力从事的社会职业，是那些可以做出人道贡献的事业：心理学家、顾问、教师、援建者、社会工作者、护士。

虽然性格内向，但美德部长喜欢团队工作，尤其是在与其他人价值观相同并都在为“美好的事业”共同努力的时候。尽管他们很少是代言人，但他们的敬业和诚恳有助于营造有建设性和高效的工作氛围。

他们也可以按照自己的节奏灵活地独自工作。在具有适度的自主性和自由度时，美德部长的工作效率最高。那时，他们可以释放创造力并按照自己的方式做事。他们不喜欢按部就班，喜欢尝试新方法来解决问题。然而，迫不得已时，足够内向的美德部长也会制定纪律、处理细节和完成日常任务。但是，自由度也不应该太大，不然他们往往会把工作拖得很久。这不是因为他们懒惰或没有动力，相反，美德部长有理想，起码接近完成时他们才会休息。这需要时间！所以，他们最好有一个能够遵守的明确时间表，这样他们就不得不克制自己的完美主义。虽然他们对结果不一定满意，但客观来说，他们多半已经做得很好了。

美德部长在和谐的工作环境中感觉最舒服，他们重视配合和互助，讨厌竞争和争论。他们的态度是关系导向而非任务导向，这意味着他们将良好的工作氛围放在首位。一旦如此，工作对他们来说就很容易了。美德部长很少去争取领导岗位。这有多种原因：一方面，他们不喜欢成为人们关注的焦点，他们更喜欢不被人注意地执行任务，也不愿意不断地证明自己的能力；另一方面，哪怕他们是对的，他们也很难说一不二或者批评他人。他们对和谐的明显需求常常使他们压下愤怒和不满。在领导岗位上，他们总是感到别扭，尤其是在出现与员工的利益相左、员工提出相反意见，而他们又无法协商解决的情况下。然而，美德部长绝对有领导才能。他们善于激励员工，因为他们能看到员工的长处，也喜欢表扬。他们以友好和诚恳的态度向员工传达信任，与此相应，员工也不愿背叛这种信任。此外，他们允许下属在工作中尽可能行动自由。如此一来，就能调动每个人的责任感，也能激发大家的创造力和动力。美德部长的领导风格友善而固执，他们经常身先士卒，以此来激励员工。

○ 爱和友谊 ○

美德部长维护的朋友圈小而精。小是因为他们内向，所以几个亲密的人就能满足他们对联络和私人交流的需求。精是因为他们很看重与密友的价值观相同。因此，他们中的许多人一开始会排斥友谊。但美德部长并非只接触志同道合的人，相反，他们喜欢与和他们意见不一致的人接触并讨论价值问题。不过，他们不会在此基础上缔结友谊，因为与其没有基本的共同点。

私下交流对于美德部长来说非常重要，他们喜欢探究自己和他人。像所有直觉情感型一样，他们喜欢反思自己和他人的关系。这就是他们想与朋友谈论的内容。如果谈话缺乏深度，只是在肤浅地东拉西扯，他们会感到无聊。因此，他们的朋友圈里有很多同样在寻找人生意义和价值的其他类型的直觉情感型。美德部长很少维系宽泛的人际关系，因为这样的接触会让他们觉得很累。相反，他们更愿意花时间独处，他们需要这样来获得力量。

对于美德部长来说，爱和伴侣关系是一种深层的义务。他们认为，伴侣意味着共同进步，分享共同的价值观和愿景。因为对人际关系有很高的要求，美德部长很少坠入爱河，更不会冲动。在他们认为自己找到终身伴侣之前，他们的对象会被他们从头到脚检验一番。他们对关系的高要求有时不仅会让伴侣痛苦，也会让他们自己深受其害。严格标准的背后，也许是他们潜意识里害怕失去。美德部长非常依恋他们最亲密的人，一旦失去，他们会遭受很大的打击。正因如此，他们有时会在深入关系之前犹豫不决。在他们对伴侣和伴侣关系的怀疑背后，隐藏着他们对失去的深层恐惧。然而，他们自己却认为，这是因为他们还没有找到合适的人选。如果感觉被最后几句话说中了，美德部长应该更多地审视一下自己“对亲密关系的恐惧”。

因为内向，他们有时很难说出自己的想法和感受，尽管这正是他们对一段关系的期望：深入的思想交流和深层的相互理解。这很容易让伴侣觉得他们不够用心。为了不让伴侣失望，美德部长会陷入压力，要尽其所能多说点心里话。然而，一旦成功地建立了关系，两人就会相互信任，他们的感情会非常炽烈、稳定。

○ 为人父母 ○

美德部长会在言行上向子女传达社会价值观。他们通常能够很好地理解孩子，并尝试以孩子可以理解的方式提出禁令和要求。他们的教育是合作式的，很少独裁。他们往往不仅是孩子的父母，也是孩子的朋友和知己。美德部长型父母很有爱、很温暖，他们非常重视孩子是否充分发挥了个人潜能，并鼓励和支持孩子找到自己的路。他们相当宽容和体贴，然而，如果他们的价值观受到侵犯，他们是不会妥协的。对于其他小的违规行为，他们喜欢睁一只眼闭一只眼。这也可能成为美德部长教育孩子的弱点：他们教给孩子的外部框架和规律有时太少，会让孩子不知所措。

○ 问题与发展机遇 ○

美德部长以崇高的理想为目标生活。这是他们的一大优势，因为他们会坚持不懈地向某些梦想努力。然而，这也可能对他们不利：有时，美德部长会固守自己的信念，而忽略了其他（合理的）观点。如果你批评或试图阻止他们，他们可能会非常固执并恼羞成怒。很难让他们相信自己错了，而批评是善意的。也可能发生的情况是，美德部长没有将他们抽象的想法和设想与现实进行比较。像所有直觉型一样，他们专注于宏大、高层的理念，而不会花太多时间或精力去研究细节如何处理。如果自己的想法被现实打败，而意识到这一点为时已晚时，他们就可能会极其失望。尽早校验现实可能对他们会有帮助。美德部长未必亲力亲为，他们可以请一位实感理智型提建议，后者通常对问题的落实有更好的看法。但要做到这一点，美德部长必须很早就与他人分享他们的想法。然而，由于性格内向，他们不喜欢谈论不成熟的事情，尽管这可以避免一些失误。

崇高的理想和精益求精的精神激励着美德部长，使他们在实现目标的过程中始终如一。他们经常表现得很好，但仍对自己不满意，因为他们认为结果不完美。这可能导致出现两个问题：一方面，这会让美德部长无法完成工作，因为事情总还有改善的余地；另一方面，这意味着美德部长很少对自己满意。美德部长应该适度克制自我批评，因为他们的自我批评态度可能会退化为没完没了的自我怀疑。这会削弱他们的行动力，让他们变得怨天尤人。当他们压力太大时，黑暗的悲观情绪就会占据上风。平时爱好和平的美德部长此时会变得好辩、好斗，素来善解人意的他们便不再顾及别人的感受。为了减少压力，他们往往乱打乱撞。这时，恰恰应该做相反的事：为了让自己摆脱消极的思想旋涡，他们应该休息一下，做一些能让他们全神贯注的、愉快的事情，比如弹奏乐器、绘画或做手工。体育活动也可以帮助他们调整心态。他们必须竭尽全力振作精神，才能再次看得清楚。

美德部长不应该只瞄准他们想要实现的目标，还应该关注当下，并记录他们已经实现的目标。其实，美德部长只要把对待别人的慷慨大度用在自己身上就好了。然而，对别人容易，对自己难。他们常常把自己的生活弄得太艰难，并且容易产生抑郁情绪。这要怪他们过度的自我批评和悲观情绪，也因为他们害怕冲突。他们常常把愤怒压抑得太久，而不是清清楚楚地说出来。根据他们的行为，别人会推断，美德部长是同意的，根本想不到自己有什么问题。如果美德部长事后退缩或在不起眼的小事上发泄出郁积已久的怒气，别人会莫名其妙，甚至会生气。

美德部长应该鼓起勇气并尽早解决冲突。这样做，他们不仅可以减轻自己的负担，还可以增加机会，达成双方都能接受的明智妥协。如果拖得太久不讲，他们会越来越相信，争论无论如何都没用。但他们其实只是错在等了太久，没有开诚布公。

原则上，美德部长应该相信自己的自我价值感，这样才能避免自己压力过大。如果美德部长学会认同自己的长处，就会更从容地面对自己的短处。此后，他们会把合理的批评作为改进建议，从而接受它们，而不是陷入不必要的自我怀疑。

○ 个人使用说明 ○

- 请耐心、友善地对我，请支持我。我需要一些时间来敞开心扉谈谈我的想法，请接受这一点。
- 请试着理解我，即使你不能对我感同身受，也不要认为我小题大做。
- 请接受（最好是分享）我的社会价值观！它们对我来说非常重要，也是我进入每一种亲密关系的基础。
- 请告诉我你的想法。我对你的内心世界很感兴趣，我想分享你的想法、感受和思考。
- 请不要只和我谈论事实话题！我更感兴趣的是你的感受，是什么让你感动，你有什么愿景和目标。
- 我常常需要独处的时间，这一点请尊重我。这与你无关，我只是需要孤独，以沉浸在我的思考中。独处之后，我愿意更专心地陪在你身边。
- 请不要指望我陪你参加所有的庆典、会议和活动，置身于人群之中，尤其是面对陌生人，我很快就会筋疲力尽。不如偶尔你一个人去，事后告诉我你的经历。
- 请对新事物持开放态度！不要仅仅因为向来如此就固守旧的方式。
- 我想要自己不断进步，最好和你一起！请你与自己“对话”，更多地了解并反思自己。
- 请不要强迫我固执于一个计划。试着随性一点，如果出现更好的，偶尔也放弃一次计划吧。

- 当我说或做某事时，请不要马上批评我！先尊重我的努力，此后的批评对我的伤害会小很多，我也能更好地接受。
- 请不要指责我把东西堆得乱七八糟！我需要周遭的多样性，我不怎么在乎整洁。
- 我需要时间才能做出决定。对我来说，对其他可能性持开放态度也很重要。如果必须提前做好计划，我会有压力。

ENFP：创意部长[1]

E= 外向　N= 直觉　F= 情感　P= 理解

创意部长热情洋溢，富有创造力，充满活力。他们是有远见、不循规蹈矩的人，他们关注未来及其可能性。他们为生活的各个方面带来活力和欢乐。创意部长行动力十足，但在项目或关系的早期阶段状态最佳——完成长期项目不是他们的强项。

他们对一目了然之事背后的模式和关系感兴趣。创意部长更喜欢探索情境、人和事物的内在关联，而不是显而易见的事实。现在是什么比可能是什么更让他们感兴趣。他们对有前途的项目有着极其良好的感觉，并且对身边人的潜力有着非常敏锐的洞察力。由于充满热情和激情，他们很容易带动并激励其他人。对

1　与市面上常见的 MBTI 测试的结果中所译人格类型相对应，ENFP 常被译为“竞选者”。

他们来说，真的没有解决不了的问题，而且他们常常能找到新颖、独到的解决办法。他们最大的能力就在于拥有非常规思维，因此他们经常出现在需要创造力或新办法、新想法大有可为的职场中。他们乐观，愿意冒险。他们寄予人和事的信任通常自有其道理。

外向和情感判断让他们很合群，他们大多很受欢迎，因为他们有趣且活力四射。大多数创意部长拥有广泛且长久的社交网络，然而他们也可能相当冲动，有时需要他人介入才能挽救局面。他们喜欢有话直说，因此几乎不会暗生怨恨（更有可能是那些被说的人才会）。与冲动的气质形成鲜明对比的是，他们害怕冲突，他们很难平静而得体地与“刺头”说话。

创意部长具有一定的魅力，周围经常有他们的支持者向他们寻求指导和帮助。然而，这对他们来说可能是一种负担，因为人们对他们的期待会让他们感到某种压力，这违背了他们随性和自主的本性。

创意部长热衷“戏剧”——对他们来说，生活是一个充满强烈体验的舞台。他们总是在寻找深刻的情绪体验。然而，一旦亲身经历，他们往往会产生某种不安。这与创意部长内在的基本冲突有关：他们一方面追求真实性和独立性，另一方面又希望取悦他人并重视和谐相处及他人的认可。这会导致某种不稳定，让他们在自己的感受和他人的需求之间来回“撕扯”。

创意部长喜欢同时处理几件事情，他们的感知从来不关闭，始终保持清醒并对新的事物开放。他们是出色的观察者，能够把注意力准确而直接地集中在对方身上，但同时也留意周围的环境。尽管他们厌恶被控制，自己却警觉地观察着周围的环境，因此其内心比外在表现得更紧张。甚至有人说，创意部长就是因为这个特点，所以特别容易肩颈僵硬。

与大多数直觉情感型一样，创意部长也非常有语言天赋。结合良好的观察力，他们常常会成为幽默搞笑的“开心果”。

在项目或关系的“前十米”，创意部长几乎立于不败之地。不幸的是，他们的起跑次数多于冲刺。这既是因为他们对处理细节深恶痛绝，还因为他们不喜欢确定下来。他们是创新设计的大师，但畏惧细节层面的打磨和落实。屡见不鲜的是，一旦越过最初的挑战，一旦新东西失去了吸引力，他们甚至会对自己的项目失去兴趣。然而，大多数创意部长已经学会了克服这种倾向，或者只是迫于需要坚持下去。他们的随性也意味着组织和守时不是他们的强项，他们经常以各种借口迟到。不守时的原因之一是，他们喜欢和人聊天，因此耽搁了时间。但他们是随性、灵活的，而且是即兴创作的大师。

○ 工作 ○

创意部长通常有一条非传统的职业道路，他们跳槽最频繁。往往因为原来的工作太过常规或制度上太受限制，于是他们决定寻求新的挑战。如前所述，他们经常从事需要抽象思维、多才多艺和灵活性的工作。他们对未来和有希望成功的东西嗅觉灵敏。

他们有对自由的渴望和对自主的需求，他们需要那种能让他们尽可能自由发展的工作环境，因此他们在个体经营者中的比例高于平均水平。他们讨厌在等级制度僵化的组织中工作，这会让他们感觉自己受到了严重的控制。但凡可能，他们都会尝试更改或规避规则。处理事物细节和枯燥的日常工作对他们来说同样可怕。他们能把需要新想法和新观念的工作做得最好，然后其他人可以接手完成细节。

创意部长既是优秀的团队合作者，也是有能力的领导者。他们会被他人启发和激励，反过来也可以激发他人对其项目的热情。创意部长大多开朗而乐观，无论作为上司还是同事，他们都喜欢并能够营造融洽、友好的工作氛围。热情、创新思维和对员工能力的良好判断赋予他们卓越的领导才能。然而，不要期望他们有什么计划或时间管理能力，这两者都不是他们的强项。由于多才多艺和思想开放，创意部长很难确定想法。他们还喜欢直到最后一刻才做出决定，这样就不会错过任何选择。与长期规划任务相比，他们更热衷于对意外情况做出灵活反应。这些特点决定了他们的直接工作环境，如办公桌，通常会乱成一团。

创意部长可以完全沉浸在当下的项目中。此时，他们不知疲倦地工作，常常超出自己生理和心理的极限，以至于项目完成时，他们马上就崩溃了。

因为他们的职业通常与“使命”相关，所以他们几乎不分工作和休闲，这种情况进一步加剧了上述危险。对于创意部长来说，最重要的是工作要有趣，这对他们来说几乎是神圣的。此外，他们的工作必须能在最广泛的意义上为人们服务。创意部长想让他们的人道主义价值观带来价值，但他们对单纯的赚钱兴趣不大。

因为直觉、情感和外向相结合，所以创意部长喜欢从事以人为本的项目。除了在创意行业工作，他们还经常从事教师、顾问和一般服务性工作。创意部长必须小心，不要太过一厢情愿。他们的弱点是拥有对具体事物的感知力，理性判断不是他们的强项。因此，如果对事实层面关注太少，创意部长就可能会在选择项目和对人员进行评估时犯错误。那样的话，他们无限的想法就会在错误的计划中化为乌有。他们可能动手做了许多事，却一件都完不成。因此，哪怕踌躇满志，他们也应该强迫自己彻底检验自己想法的实际可行性。可以帮助他们的“部长”都是实感理智型，即自由部长、危机部长、精确部长和规划部长。

○ 爱和友谊 ○

创意部长是激情、浪漫和充满爱心的伴侣，与他们一起生活是令人兴奋和丰富多彩的。可惜，他们在爱情关系里也不是最有常性的人。不论在哪个生活领域，创意部长通常都是早期状态最好，在情侣关系中也是如此。当他们把爱人研究透，再也发现不了什么“新”东西时，或者当关系似乎要确定下来的时候，他们就会失去兴趣。可在此之前，他们的言行举止始终表现出满满的爱意。因此，如果他们突然且出乎意料地离开，可能会给伴侣带来不小的阴影。

然而，如果创意部长做出永久承诺，他们就会是非常体贴、忠诚的伴侣，他们会大力支持伴侣的个人发展。像所有直觉情感型一样，他们喜欢私下交流，并且很喜欢谈论自己的感受。男性创意部长比大多数其他类型的男性部长更容易做到这一点，这会让他们的女性伴侣开心。创意部长不论男女都很敏感，并且很会为对方考虑。他们在伴侣身上寻找相同的“波长”和“灵魂的契合”。像所有直觉情感型一样，他们是浪漫和理想主义的。但他们的散漫和糟糕的时间管理会给伴侣带来压力——在这一点上，他们尤其会与判断型吵个没完没了。

一般来说，创意部长最好不要过早做结婚之类重要的人生决定。他们本质上不甘心确定下来，这种不安分在寻找伴侣时也很明显：可能还有“更好的”呢！创意部长倾向于将他们的伴侣理想化。刚刚坠入爱河时，他们不会过度审视自己崇拜的对象，而且典型的创意部长——总是坚信这次他们找到了对的人。一旦与人建立关系，他们就会尽可能长时间地不考虑对方的缺点，这主要是因为他们不喜欢冲突。然而，一旦维持不下去，而且没有充分的理由（如孩子）阻止他们结束这段关系，他们就会转身离开。与关系部长不同，创意部长不愿意为关系长期作战。对他们来说，更应该是：新游戏，新运气！

对于一些创意部长来说，爱是一种永恒的状态。他们爱上了爱情，总是需要新的刺激。这让他们马不停蹄地从一段关系转入另一段关系，从一场艳遇跑入另一场艳遇。像所有理解型一样，这种类型的人也害怕稳定关系。内向理解型如果害怕承诺，就会与伴侣保持距离。与此不同，外向理解型会反复陷入绯闻，不断开始新的恋情。然而，只要愿意，对稳定关系的恐惧是可以消除的。为此，他们应该读一读相关书籍，并在必要时寻求咨询。给这种人的第一个建议是，应该深入内心，想象一下，如果对伴侣做出永久承诺，自己心里的感受是什么。他们需要与自己深层的恐惧和匮乏建立联系，而在关系问题上的不确定往往会阻碍这一点。但只有明白了模式背后的模式，他们才能改变。

作为朋友，创意部长可爱、亲切、乐于助人。他们能为生活色彩带来多样性，这种能力吸引了其他人，并使他们成为同代人的追捧对象。他们大多很会享受生活，这是一种与众不同的能力，同样被看重的还有其社交和娱乐能力——与他们相处，人们会感到很舒服。另外，他们大多非常慷慨，对新奇和不寻常的事物有着敏锐的洞察力。他们的友谊往往比其伴侣关系更持久。

○ 为人父母 ○

创意部长是非常慈爱和体贴的父母，他们给孩子很大的发展空间，也很重视开发孩子的天赋。他们还会把自己的活泼和足智多谋带入亲子关系。然而，容易冲动和过于理想化的倾向又使他们有时会勃然大怒并非常挑剔——这样“爆发”之后，他们通常会非常后悔。他们的威胁很少会变为事实——他们更愿意留给伴侣动手。创意部长型父母有时表现出来的另一个问题是，虽然他们很有责任感，但众多兴趣占用了其太多精力，会导致他们阶段性地忽略孩子。

创意部长的家庭环境充满活力和“色彩”，而并非秩序井然。创意部长的家经常会成为社交和娱乐的场所。在这里，创意部长随机应变的天赋也发挥了作用：他们是能即兴完成“事件”的大师，可以为任何计划或计划外的聚会增添光彩。

○ 问题与发展机遇 ○

创意部长最大的问题是：难以坚持。他们会对一个项目或一段关系迅速投入，可一旦进入“现实阶段”，即需要烦琐的细节工作或变得过于常规时，他们常常就没了兴致。这也有拖累他人的危险：创意部长可以非常热情地开始一个项目，然后就消失了，因为他们失去了兴趣或者去忙其他任务了。尤其是当创意部长担任主管时，这种危险最明显。

他们想“立即”实施想法和冲动的倾向，常常会让他们充满热情地把任务委托给一名或多名员工。这些被创意部长带动起来的人会努力干活，尽可能把工作做好。但展示结果时，员工们有时会失望地发现，自己充其量只受到了零星的关注。

下决心、长期规划和时间管理是创意部长的“问题领域”。强烈建议：落实待办事项清单！——除非他们已经（不情愿地）这样做了。此外，他们应该学会更多地克制自己的冲动，不要没有事先做好计划就开始行动。创意部长应该强迫自己全面考虑并制作一个切合实际的时间表。为此，咨询实感型和判断型会很有用。创意部长还应该尝试制作优先列表，因其开放的心态和对新事物的好奇容易使他们分心，所以他们总是面临时间压力。在投身于某项任务或分心做其他事情之前，他们应该考虑是否真的必须现在就做。

创意部长的另一个弱点是他们不愿深入研究事实和细节。这可能会让他们的看法有失客观，并因此把自己的聪明才智浪费在错误的项目和人员身上。他们最好能通过处理细节和事实来有意识地训练自己的理性能力和具体感知——即使心不甘情不愿。

与钱打交道也常常是创意部长的问题，他们天生就容易大手大脚，甚至挥霍无度。这反过来会导致他们有时候极度节俭。他们很难找到平衡。创意部长的家里经常存有过多的奢侈品，却缺乏必要的日用品。这方面，建议以书面计划分配预算。

创意部长丰富的情感生活，通常让他们充满生命力和活力，但因过犹不及可能会有负面影响，致使创意部长被强烈的情绪波动所左右。当他们有心理压力时就会如此，另外还包括不幸的童年。不同于情绪温度过低并会在压力下退缩的内向理智型，创意部长在压力下更容易情绪化，并向外发泄。在这种情况下，他们的冲动会升级为攻击性和歇斯底里。根据实际状态和场合，他们也可能陷入抑郁或亢奋不已。这些强烈的情绪波动不仅会对其自身造成伤害，也会影响他们的人际关系，从而又给他们带来更大的压力。压力大的创意部长需要学会调节自己的强烈情绪。比如，他们一旦有了愤怒的苗头，就应该从当事人的视角切换到观察者的视角，与负面情绪拉开一点理性的距离。（当然，及早觉察到愤怒才行，发起火来就晚了。）从当事人的视角来看，人会相信自己的所有感受和想法。相反，从观察者的角度来看，就能从外部感知自己和他人，与正在发生的事情拉开一定的距离。如果创意部长之前已经平静地分析过自己的问题，这可能会更容易。他们应该意识到，让自己（像所有其他人一样）做出反应的，不是事件本身，而是他们对事件的理解。尤其是那些（主观臆想的）针对他们的挑衅，常常会诱发他们强烈的情感。

此时，创意部长应该保持警惕，不要放纵每一种感觉，而是要有意识地克制自己，批判性地质疑自己对正在发生的事情的理解。最好在平静的时候制定适于在困境中使用的行为策略。例如，不立即做出反应，而是请对方停下来，为自己争取一点思考的时间。

○ 个人使用说明 ○

- 请分享我的想法和愿景，不要立即批评或认为它们不切实际。
- 请欣赏我为我们的关系带来的活力。
- 请你也谈谈你的感受，而不仅仅是谈论事实和有关事实的话题。
- 请不要老是批评我把东西放得乱七八糟。
- 请不要在细节和琐事上太挑剔。
- 请接受我享受与朋友相处和社交的需要。
- 请不要用过于严格的计划和框架限制我。
- 对随性保持开放态度，如果我临时更改计划，请不要认为是针对你。
- 请赞同我的创意和见解。
- 请理解我对自由和自主的渴望。强迫和被动越少，我就越有责任感——相信我！
- 请在小事上放轻松。例如，别在意我迟到了一会儿或忘记了什么。
- 请不要认为我的冲动是针对你。一旦头脑恢复清醒，我就会感到抱歉，也愿意向你道歉。
- 我爱冒险又爱玩，有你在身边会很有趣。

ENFJ：关系部长[1]

E = 外向　N = 直觉　F = 情感　J= 判断

关系部长热情、友好、风度翩翩。情感型与外向型的结合，使他们喜欢与人接触并追求和谐。关系部长以他们想体验和实现的深层人际关系为价值导向，忠诚、有责任感以及对方的欣赏和接受对他们来说非常重要。他们最看重自我认知和探索人际关系（他们可以谈论几个小时）。像所有直觉情感型一样，他们善于反思并始终为个人发展而努力。他们是偏好哲学思考的理想主义者——他们喜欢探索事物和人之间的关系。

关系部长很容易与对方共情，他们非常善于识人。正因如此，他们是处理所有关系问题的能手，人们经常寻求他们的建

1　与市面上常见的 MBTI 测试的结果中所译人格类型相对应，ENFJ 常被译为“主人公”。

议。抽象感知使他们能够很好地了解身边人的潜力，当机会出现时，他们会以开发其潜力为己任。基本上，他们更倾向于感知人积极的一面。凭借敏锐的鉴别力，他们常常可以激发出他人最好的一面。他们喜欢将人们聚集在一起并建立联系。

除了博爱，关系部长还具有出色的语言天赋，他们是天生的沟通者。关系部长很会说服和激励别人，有些人具有超凡的魅力。由于外向，他们更喜欢说——也愿意对人群说，而不是写。他们是天生的领导者，因为他们精力充沛、洞察力强、果断且有条理。

他们大多是有趣的“开心果”，并且常常是讲故事有渲染力的人。这主要是因为他们很容易敞开心扉，使其讲的故事非常生动。

关系部长非常有条理并很会分配时间，他们可靠且具有责任感。然而，如果付出没有得到充分的回应，他们就很容易感到委屈。如果感觉自己行善利他的努力没有被看到，或者更糟——被曲解为另有所图，他们也会感到受伤。正因为他们如此热衷于追求正义、仁爱等崇高的理想，才会让他们备受打击。

关系部长通常很重视他人的意见并希望给人留下好印象。他们自己或亲近的人有任何不当举止时，他们都会非常尴尬。他们也受不了身边的家人、同事或朋友之间的不和谐和冲突，会想方设法让一切重回正轨。

虽然关系部长追求和谐，不喜欢冲突，但他们很有决断力，喜欢表明立场，特别是涉及人际关系的问题。尤其是女性关系部长，她们不会太容易对纯粹的事实问题感兴趣。相应地，明确地判断事实问题对他们来说更难。尽管他们都很热心肠，但外向和判断型的结合使他们非常坚定，有时甚至严苛。而且，他们并不是很有耐心。

一些（不是所有）关系部长可能非常冲动，精力充沛的关系部长有时会被其他人视为强势。然而，大多数关系部长总是愿意谈判和妥协的，但必要的前提是你要开口讲出来。

由于非常情绪化和理想主义，他们往往会高估自己的人际关系。因此，他们看到的某种关系的潜力，有时会大于实际的情况。这就为他们失望埋下了伏笔。然而，由于关系部长喜欢从错误中吸取教训，他们中的许多人会渐渐养成理性批判的习惯。

关系部长对人的浓厚兴趣还体现在他们对小说和电影的喜爱上。他们喜欢通过媒体更多地了解人际关系的协调，以及不同人群的不同想法。

○ 工作 ○

关系部长做事高效且很有条理，他们喜欢计划清晰的项目，最好能与他人合作并为他人服务。他们是组织人才，尤其是在人际交往领域，如策划节日庆典等活动。他们重视信誉，遵守约定和承诺。由于具有高超的组织能力，他们可以把混乱的事情理顺，但他们其实并不喜欢总是需要灵活性的、混乱的工作场所。

因为具备语言天赋和计划能力，关系部长容易成为优秀的领导者。他们善于激励员工，能在团队中为每个人找到与其能力相应的位置。他们非常重视良好的社会风气，设法建立和谐的工作关系，善于化解矛盾。然而，调和人际关系既是他们的强项，也是他们的弱点：当关系部长主观感到不被重视、遭到拒绝，甚至下意识的敌意时，他们会自怨自艾，因为不被理解而痛苦。关系部长对批评也很敏感，因为他们通常对什么是对、什么是错有着极其明确的想法。因此，如果他人不同意他们的观点，他们就非常恼火，甚至有时会感觉受到了伤害。然而，由于他们很会说服别人，这种情况在他们身上很少发生。

关系部长喜欢承担责任，有时还会大包大揽。这种倾向与他们的理想主义和对人际关系（过分强烈）的信念有关。他们总是认为还可以再做些什么，因此有时会错过放手接纳他人并收获结果的正确时机。

关系部长从事的工作大多可以让他们实现个人价值观，发挥他们的沟通能力并服务他人。他们最不喜欢那些必须单独完成、需要大量细节工作的任务。他们最擅长草拟计划——而不太擅长制定细节，“琐事”会让他们很快就会感到疲倦。这也是一个潜在的错误来源：他们经常忽视“细则”，因此有时会做出错误的决定——尤其是在事实层面。如果可以把琐碎的日常工作委派出去，他们会感到自在。

○ 爱和友谊 ○

如果有人为爱而死，那就是关系部长。他们爱得轰轰烈烈，常常不顾一切。关系部长很浪漫，对关系的塑造有着理想化的想象。他们梦想拥有完美的伴侣关系，这是所有直觉情感型共同的特征，但关系部长这一特征尤为明显。他们倾向于把关系理想化，并希望能终生保持恋爱初期的热度。他们醉心于深刻的结合和灵魂伴侣，喜欢与伴侣谈论关系的深层内在价值。对于他们来说，同样重要的是，伴侣要懂得他们的哲学和精神实质。

关系部长是坚定而忠诚的伴侣，他们非常重视伴侣和家庭。这符合他们的天性，因为他们觉得与人和谐共处是自己的责任，他们愿意为此投入大量的精力、时间和金钱。然而，因为他们认为自己非常清楚什么是对的、什么是错的，所以非常固执。为了把伴侣打造成他们理想的样子，他们会对伴侣挑三拣四。

关系部长活泼、有进取心且健谈，和他们相处很少会让人感到无聊。他们很需要亲密感，也会与人建立亲密关系。关系部长想感受到被爱，他们对亲密无间的渴望会让天性疏离的伴侣，如内向理智型，感到压力。

关系部长将亲密关系理想化并坚持不懈地相信幸福的结局，因此他们往往会在不快乐的关系中苦撑很久，很难放手。这也是因为他们是天生的“战士”，高估了自己的影响力。关系部长不断反思，努力进步。如果发现伴侣远不像自己这样善于反省，他们有时会感到绝望，因为觉得无论自己多么努力都无法让伴侣看清事理。他们很难接受自己有限的说服力，而且不愿以失败告终。更糟糕的是，他们对伴侣非常依恋。通常只有在第三方出现时，他们才能“跳出来”，他们比大多数人更难适应单身生活。关系部长无法独处——当他们爱的人都在身边时，他们才会感到最舒服。

作为朋友，关系部长真诚、可靠，百分之百忠心，是心理困境中的好帮手。一旦赢得了关系部长的信任，就很难轻易失去他们。然而，由于关系部长有时会将友谊理想化，他们可能会看错所谓的朋友。

就像在爱情中一样，关系部长一次又一次地给所谓的朋友机会，直到在某个时候失望地意识到，这种友谊真的不值得维系。由于已经投入了大量的精力和时间，他们需要一段时间才能从这种失望中恢复过来。大多数关系部长终身都在学习，并在中年时变得更加挑剔和疏离。在此过程中，发挥重要作用的是生活经验的增加，它完善了他们本就很好的识人能力。于是，他们会更仔细地观察他们希望结交的人，并且吃一堑长一智——学会更迅速地摆脱虚情假意的朋友。

○ 为人父母 ○

关系部长型父母非常有爱心和亲和力。他们还会把自己特定的价值观传递给孩子。孩子不应该“就那样”发展，而是在成长过程中得到非常明确的“对与错”“好与坏”的指导。最重要的是，关系部长型父母希望向他们的孩子传达社会价值观，并且以身作则。因此，让孩子学会谈论问题和感受亲密关系也非常重要。关系部长非常有共情力和反思能力——他们的孩子常常感到被真正理解和爱护，亲子之间有一种信任、亲昵的紧密联系。

一般来说，关系部长很重视自己给人留下的印象——他们希望自己的孩子也能如此。如果孩子行为不端或穿着不当，关系部长会感到特别尴尬。然而，因为关系部长很会反思，也非常了解自己，所以他们通常会努力克制这种倾向，而不会把太多的着装规范和礼仪强加给孩子。总的来说，他们会努力为孩子自己的发展留出足够的空间——对于孩子的教育，他们通常会思考很多，并一次又一次批判性地质疑自己的教育行为。

当孩子出现严重的问题时，事情就有点麻烦了，因为与其他类型相比，关系部长更倾向于将此视为个人养育的失败。然后，他们可能会把自责过多地传达给孩子，而孩子又会因为让父母失望而感到内疚。

○ 问题与发展机遇 ○

具有抽象感知力和情感导向的结合，使关系部长的眼光稍逊。尤其是涉及财务问题等事实决定时，他们应该去做自己最不愿意做的事：理性地检查事实和细节，或者征求实感型和理智型的建议。在人际关系方面，关系部长应该努力克服其过快且不加批判地迷上某人的倾向，否则容易让自己失望。关系部长其实非常了解人性，但他们常常会事后自责再次低估了一个人的弱点。或者，出于对人性本善的坚定信念，他们容易高估自己的影响力。关系部长是天生的“战士”，他们很难接受自己对某些人毫无影响力。由于他们本身非常善于反思，而且总是在努力自我提升，因此他们受不了对方没有自知之明，还拒绝听从建议。这时，他们最好放松心态，应该意识到，在某些情况下放手是最好的解决方案。

关系部长喜欢取悦他人并重视自己留给别人的印象。正因如此，他们对批评特别敏感。他们应该尽可能让自己摆脱外界的评判，应该意识到，无论多么努力，都不可能取悦所有人，总会有人不欣赏他们的付出。如果明白了这一点，就能做到不在乎人言。在这方面，他们也可以多放手，想一想：绕过 A……也还有路！

一般而言，关系部长需要具体感知和理性决策层面的训练。一种练习是，仅根据客观事实分析（最好以书面的形式）一种情况或一个人。关系部长经常能快速且凭直觉做出决定——这既是他们的优势，也是劣势。一方面，他们通常是对的；另一方面，他们有时会一败涂地。所以反复仔细观察，与人和事保持距离，不要感情用事。还可以多留一些时间再决定——因为他们是外向的判断型，所以往往会操之过急。有时，给事态发展更多的空间，多看多等，给予形势和相关人员更多的信任，克制自己要把一切掌握在手中的冲动，对他们来说是有帮助的。

与所有外向情感型一样，浓烈的情感生活通常会赋予他们活力和魅力，但也可能成为一种负担。当感到压力，或因不幸的童年而承受心理负担时，他们可能会经历情绪过山车。尤其是当亲密关系破裂或任务失败时，他们可能极度悲伤。当事情进展顺利或者只是情绪高涨时，他们也可能欣喜若狂。狂喜本身并不是一种糟糕的状态，但像所有强烈的感觉一样，它会对解决方案的理性认识造成障碍，因此可能导致错误的行动和决定。

与狂喜类似的特殊情绪状态是歇斯底里——许多关系部长对此并不陌生。尤其是当他们对局势失去控制时。例如，在赶赴一个非常重要的约会途中堵车。在压力大的情况下，关系部长一点也不酷，他们会很快暴躁起来。此时会有帮助的是，不要完全认同自己强烈的情绪，有意识地强迫自己与内心感受保持一点距离，并在情绪刚有苗头时就把它压下去（因为情绪一旦大爆发就很难控制）。事实上，有意识地感受自己的情绪，就可以控制情绪。分散注意力也有帮助：关系部长不应任由感觉发酵，而是要强迫自己把注意力转移到其他事物上，哪怕只是一个需要专注的无聊的电脑游戏。

总的来说，监控自己的情感生活对关系部长很有好处。他们应该给自己设置一个小报警器，一旦情绪变得过于强烈，就要提醒自己——尤其是可能会爆发争吵或他们感到自己被强烈批评的情况。他们不应立即做出反应，而要保持情绪稳定，以便尽可能地谨慎行事。

○ 个人使用说明 ○

- 请不要只谈论事实话题，也请与我分享你的感受和个人想法。
- 请认真对待我的感受，不要认为这是小题大做。
- 请认可并感谢我对我们关系的忠诚与付出。
- 请尊重我对社交的需要。
- 分享我的愿景和想法，即使我并不总能将其落实。
- 如果我告诉你我更深层的见解，请不要立即进行严厉、客观的批评。
- 请遵守协议和约会，不要指望我总是灵活变通。
- 如果你给我讲事情，请不要用冗长的、一五一十的细节描述来折磨我。
- 如果你不喜欢什么，请友好、直接地告诉我，不要让我蒙在鼓里。
- 如果提出批评，请同时肯定一下我积极的一面。
- 请告诉我你喜欢我什么，我想听到你说喜欢我。
- 请尊重我对秩序和良好环境的需求。
- 如果我的情绪太过强烈，请不要一开始就和我争论，那样一切都会升级。保持冷静，相信我很快就会冷静下来。
- 请认可我为我们的关系带来的活力和温暖。

INFJ：知识部长[1]

I = 内向　N = 直觉　F = 情感　J = 判断

知识部长可爱、矜持、深奥。人们很难真正了解一个知识部长——因为他如此复杂多变、深不可测，总是以新的一面给人惊喜。

知识部长更喜欢抽象的感知。因为内向，所以他们的感知是向内的。具体来说，这意味着他们喜欢独自陷入沉思。他们通常不会说出自己的想法和见解，除非恰好有讲话的心情或被具体问到。他们喜欢思考人生大问题，对事物之间、人与人之间那些无法一眼看透的因果和关系感兴趣。像所有直觉情感型一样，他们追求个人发展、内在成长和深刻的洞见。

1　与市面上常见的 MBTI 测试的结果中所译人格类型相对应，INFJ 常被译为“提倡者”。

因为是情感型，所以知识部长更愿意琢磨人际关系，而不是事实问题，女性知识部长尤其如此。相对而言，男性知识部长也可以长时间深入地处理纯事务。不论男女，知识部长都会深入钻研他们感兴趣的领域。

大多数知识部长对人性都有很好的了解，有些对身边人有着近乎“不可思议”的感觉：他们往往比当事人自己更快地看透正在发生的事情。他们会直觉地感到身边人的优点和缺点。只要在职场上或私下里与知识部长交好，他们就会很善于把这个人的长处展现出来。这方面得益于他们能设身处地为他人着想这一显著能力。

除了对人性的了解外，知识部长在社会转型和变革时通常具有准确的预感。他们是卓越的问题解决者，经常能提出不寻常的新点子。

知识部长对生活很投入，有时有点严肃，他们想了解自己和他人。他们追求价值和意义，像所有内向型一样，他们会谨慎多思地度过一生。有些知识部长担心的事情太多，有点杞人忧天。他们不信神也不自信，不相信车到山前必有路。

知识部长通常具有实现理想所必需的毅力。一旦他们考虑清楚内心的愿景，他们就会竭尽全力实现自己的目标。然而，由于内向，他们有时很难（或者往往根本不需要）与他人分享自己复杂多变的想法。因此，当素来与世无争的知识部长突然以（强烈的）热情维护其利益时，其他人常常会大吃一惊。

因为可以非常深入地沉浸在自己的内心世界和自己的项目中，他们有时会忽略不是特别感兴趣的日常必需事务。比如，又错过了车检或者面包没了。一般来说，他们对物质看得很淡。诸如买车或处理房产之类的事，他们大多没什么兴趣。但因为做事有条理，必要的时候，这些事情他们也能应对。

知识部长喜欢深入事实和显而易见的表象背后，研究其可能性和意义。阅读对知识部长来说特别有吸引力，因为这意味着有一段可以独处的时间，让他们安安静静地思考，同时还能激发他们的想象力。另外，他们更依赖书面文字而不是口头话语，因为文字往往更有条理，也更容易整合到自己已有的想法中。

知识部长善于表达和沟通，因为他们希望能够清晰地传达自己的想法。他们愿意与人分享自己的理想，同时也会为对方考虑很多。必须捍卫自己的价值观时，他们会热血沸腾、斗志昂扬。他们也是专注和坚定的倾听者，并会因此受到尊敬。

○ 工作 ○

许多知识部长在职场上非常敬业，也非常成功：天生的直觉赋予他们一种近乎无法满足的好奇心和追根究底的无尽努力。他们出色的社交能力以及对他人异常准确的第六感也为他们事业的成功铺平了道路。

因为喜欢抽象和理论性的东西，所以知识部长经常从事科研工作。其他吸引他们的工作领域通常在最广泛意义上包含精神、哲学或心理学的内容。由于很会看人，知识部长也会从事直接与人打交道的工作。许多知识部长很有语言天赋，并且喜欢写作（也作为一种爱好）。

知识部长想要并且需要一种能被赋予重大意义的工作，一种符合他们内心洞见和价值观的工作。他们喜欢创造新概念，并总是寻求解决问题的方法。他们做事井井有条。由于内向，他们更喜欢安安静静地埋头于一项或几项任务，而不是敷衍潦草地同时做许多事情。但这并不意味着他们会认真推敲所有的细节问题，烦琐的常规工作很快就会让他们厌倦。不过，他们很自律，必要时也可以完成此类工作。

知识部长喜欢安静且秩序良好的工作环境，以免他们最喜欢的事——思考被打扰。从表面上看，他们通常会把事情做得井井有条，让一切都各居其位。然而，在表面之下，有时翻滚着一大堆可能会随时开动的项目、想法和愿景。总而言之，对知识部长而言，内部秩序（清晰的计划）比烦琐的外部秩序更重要。对当下项目的专注，使他们有时不太在乎周围的环境。

知识部长之所以会争取领导岗位，主要是因为这会为他们提供落实目标和愿景的最佳机会。知识部长的领导风格是以想法为导向的，他们的干劲和热情——尽管相当安静，使其能够调动起他人的热情并赢得支持。他们更多的是通过自己对事业的投入来说服和激励别人，而不是凭借权威。他们的管理风格往往非常成功，因为他们能发现员工各自的优势和才能，并为每个人在团队中找到合适的位置。知识部长领导的团队通常以和谐的工作关系和员工的高满意度为特征。

另外，许多知识部长不太会应对冲突。由于是情感型，他们很看重人际关系的和谐，尽量避免公开与人争执，可能会因此错过及时澄清问题的好时机。然而，一旦知识部长突破自己，正视冲突，就会做得非常巧妙。他们会根据员工的类型想出非常好的解决办法——当然，有时也根本解决不了。后一种情况是因为员工没有足够的“天线”，听不出知识部长的（隐晦）批评。有时，如果知识部长能做出他们最不擅长的事情——明确地发号施令，效果会更好。

○ 爱和友谊 ○

像所有直觉情感型一样，知识部长对爱情和关系有着非常高的理想。然而，由于内向和矜持，他们很少会一头栽进爱河，只会在看到前景时才投入一段感情。他们追寻深入而持久的伴侣关系，几乎不会被露水情缘吸引。对他们来说，爱意味着深厚的责任、密切的交流、真挚和对情感忠诚。他们是非常温柔、体贴的伴侣，允许爱人有个人发展的空间。只要有能力，他们就会支持伴侣。当伴侣处在低谷时，他们会付出极大的耐心和努力来帮助伴侣摆脱危机。

知识部长对伴侣不太挑剔。哪怕对方有缺点，他们也会表现得很宽容。因此，知识部长的伴侣会感到自己被接受和喜爱，这反过来又可以产生积极的效果——他们也以同样的方式来回报知识部长。但是，一旦与某个难搞且复杂的人确立了稳定关系，知识部长可能就会过分隐忍而不怎么保护自己，他们喜欢与伴侣谈论共同的价值观和两个人之间的关系，很愿意与伴侣共度时光，交流关于“信仰与世界”的想法。知识部长必须小心，不要把自己的需求和兴趣推得太远，而忽视了生活的其他方面，从而迷失自我。一般来说，他们倾向于关注伴侣的愿望和需要。然而，在维持关系方面，不委屈自己是非常重要的，否则他们可能会在某个时候筋疲力尽，以至于让伴侣关系成为负担。他们应该意识到，清楚地说出自己想要什么、不想要什么才更公平，这样就可以克服对冲突的恐惧。因为唯有如此，伴侣才有机会做出反应，这样关系才能保持开放并有生命力。

然而，有些知识部长很难与别人建立稳定的关系。一方面，他们善于独处，因此有时会沉浸在书本和电影的世界里，找不到接触外界的机会；另一方面，他们非常重视爱情和伴侣关系，如果找不到符合他们崇高理想的伴侣，他们宁愿放弃一段感情。知识部长非常依恋他们最亲近的人——失去会让他们难以承受。这是某些人不愿承诺的另一个原因，就像那句俗语：“我不会失去我没有的东西。”

知识部长是非常忠诚、善解人意、真挚的朋友。像大多数内向型一样，他们有一个相当小但非常亲密且稳定的朋友圈，新认识的人往往很难进入这个非常亲密和熟悉的圈子。知识部长未必需要频繁联系去维系深厚的友谊，哪怕只是偶尔见上一面，他们也会很快恢复旧日的亲切。

作为解决个人问题的顾问，知识部长很受人尊重。他们深层的共情能力可以营造一种大家相互信任和欣赏的谈话氛围。他们往往能跟随直觉的提示想出很好的解决方法。

○ 为人父母 ○

知识部长是非常有爱心的、无微不至的父母，他们对孩子非常有责任感。他们大力支持孩子发展自己的能力，很少错过开发其天赋的机会。对于孩子的发展方向，他们十分宽容，唯一的诉求就是尽最大努力激发孩子的潜能。这种态度的好处显而易见：知识部长的孩子在非常轻松的环境中成长，不会被强迫推入任何特定的方向。

在抚养孩子时，知识部长也要面临这样的事实——现实并不总是符合理想。由于知识部长与孩子的关系非常亲密，因此有时也存在一定的过度介入的风险。这时，他们很难放手，让孩子自己去体验那些有时确实不太好处理的事情。还可能发生的是，由于知识部长回避冲突、喜欢和谐，因此对孩子的约束太少，孩子长大后会因为曾对父母太过放肆而感到内疚。

○ 问题与发展机遇 ○

因为知识部长总是关注未来和可能性，所以他们很容易对形势和周围的人有一种相当理想化的看法。有时，他们会无视关键的事实和细节，尤其是当它们不太符合他们的想象目标时。这可能会导致他们失望和沮丧。实感，即接收详细的、实事求是的信息，是知识部长“最不发达的功能”，因为它被大量整体抽象的感知覆盖了。如果知识部长能及早强迫自己用严酷的现实对抗愿景和理想，由此训练自己的具体感知，就可以避免让自己多次失望。为此，他们必须处理确凿的事实，落实具体细节，或者求助于在这方面更有判断力的顾问——那些在人格画像中具有实感和理智的类型。这也适用于纯事务性的决定，如投资或买车。如果想在这些事情上减轻负担，他们也可以请那些比自己更懂行的人给出一些建议。

另一个可能的问题是，知识部长倾向于将他们的关系和伴侣理想化。因此，他们也许会对关系中的问题视而不见，哪怕一再失望、受伤，哪怕一段关系带来的痛苦远多于快乐，知识部长仍然死守不放。这种理想化主要源于他们对冲突的畏惧。像所有回避冲突的人一样，他们不仅逃避争执，还会提前无意识地压抑潜在的冲突。在这种情况下，拉开距离、理性地分析一下局面会有帮助。

首先，他们应该问问自己，回避冲突是否有利于解决问题。

如果是，就应该试着与伴侣谈一谈，伴侣至少要知道知识部长的愿望和需求才能理解他们。毕竟，让伴侣明白关系的现状才更公平。唯有如此，才有机会维护和改善关系。这样去想，知识部长就能鼓起勇气对伴侣开诚布公。

然而，如果结论是，相处不和谐并非自己有错，而是伴侣的原因，那么他们就应该意识到自己的长处，即他们自己也可以活得很好，考虑分手吧。

知识部长绝不轻浮，相反，当问题出现时，尤其是影响到亲友时，他们可能会陷入心理恐惧和灾难情景中。之所以如此，是因为内向的他们几乎不怎么寻求对话，很少能相对客观地面对别人。在这种情况下，与人推心置腹地谈一谈会让他们轻松得多。此外，他们应该训练自己从观察者的角度非常理性地分析问题。这个角度能让他们从外部看待自己和处境，从而有意识地跳出情感生活，由此得出客观的结论。知识部长最好把所有能减缓其恐惧想象的理性论据都写下来。

如果知识部长人格画像中的三个特征“表现不利”，就可能会妨碍他们实现愿景：极度内向的话，他们就很难与人交流理想和目标，这会让他们过度沉浸在自己的内心世界里。

太过突出的判断型，可能会让他们认为，当务之急是日常职责，尤其是要一丝不苟地履行职责，没必要听从自己的灵感或时不时地偏离熟悉的轨道。如果理智太弱，知识部长往往会回避冲突，不敢维护自己的利益，因此无法实现自己的理想和目标，尤其是在这些事情有争议的情况下。不过，如果上述三个特征表现得当，就会非常有利于他们实现愿景：内向有助于提供必要的坚定和不可或缺的毅力，使他们能全神贯注地投入某件事；结构化的规划方式为项目的组织和完成提供了必要的执行力；强烈的情感使知识部长很有魅力，能轻松赢得他人的支持。

○ 个人使用说明 ○

- 给我时间，让我想明白。先在心里组织好语言并说服自己，然后我才能告诉别人。
- 请欣赏我的真挚和忠诚。
- 如果我有时显得有些心不在焉，不怎么讲话，那与你无关。这并不意味着我不喜欢你或不信任你，这只是我的习惯——自己先把事情弄清楚。如果还没有理清思路就让我讲，我会很有压力。
- 当我给你讲我的想法和梦想时，请仔细听，并让我看到你感兴趣，比如提问！
- 尝试理解我的想法，哪怕我非常详细、深入地讨论了很多事情，也不要不耐烦。
- 请不要批评得太苛刻！也提一提我积极的方面吧。
- 请讲一讲你的内心世界！你在想什么、感觉什么、做什么，是什么让你快乐或悲伤，我都感兴趣。
- 请肯定我思想的深度，如果我没有注意到某些家务事，请原谅我。

- 请尝试理解，我总是需要独处的时间！
- 请守信准时！如果不能按时赴约或不得不改变计划，请及时通知我，让我能做出调整。
- 尊重我对和谐的需求！就算有什么事情让你烦心、生气，也请友好地告诉我，我相信没有什么事是解决不了的。
- 请认同我为我们的关系所做的一切！让我听到并感受到你的欣赏，也请你为我们的关系和我而努力！

ISFJ：和谐部长[1]

I= 内向　S= 实感　F = 情感　J = 判断

和谐部长友好、乐于助人且非常可靠。内向使他们喜欢身处幕后，他们谦虚而矜持。万众瞩目，甚至受人称赞，都会让他们不舒服，他们更喜欢低调做人。他们往往会十年磨一剑，一鸣惊人。和谐部长随遇而安，需要和谐的环境。他们从小就很认真、勤奋，很少给父母和老师添麻烦。和谐部长愿意满足身边人的期望——只要符合他们的价值体系。他们天生非常体贴、随和，并且以乐于助人著称。他们喜欢实打实地服务他人。

大多数和谐部长的典型特征是具体感知力强。他们储存了大量实践经验和具体信息，并会不断补充新数据。在新情况下，他

1　与市面上常见的 MBTI 测试的结果中所译人格类型相对应，ISFJ 常被译为“守卫者”。

们更愿意依靠过去的经验，而这种内心的储备就是他们最重要的指南。另外，他们对任何全新、未知的事物都保持警惕，有时甚至小心翼翼——无法依赖经验时，他们会感到不安。因此，他们更愿意尽可能仔细地提前计划好一切。他们执着于已经验证过的熟悉的东西，不喜欢突发事件，也很少冒险跳入没有把握的世界里。他们是传统的守护者，喜欢秩序和某些例行的日常事务，这给了他们安全感。

和谐部长集高度的稳定性和可靠性于一身：他们是细致、认真和现实的信息收集者，喜欢提前做好长期计划并确定下来。在行动之前，他们会暂停，反复斟酌。一旦做出决定，他们就会始终如一、坚持不懈地追求自己的目标。如果和谐部长做出了承诺，就会尽一切可能去兑现。

和谐部长对必要的事情有着敏锐的眼光——不需要任何人提示，他们就能看到采取行动的必要性，并着手处理。他们的爱好也符合他们务实的风格，例如烹饪、园艺、手工艺和摄影。他们机敏且有耐心，但对没有实际意义的理论和概念不感兴趣。

和谐部长的另一个特点是情感导向决策。他们很谨慎，总是考虑自己的行为会对他人造成什么影响。他们非常了解周围人的实际和日常需求，并会努力满足这些需求。他们维护着一个大型的记忆数据库，其中记录着每一位亲友的喜好和需求。如果和谐部长是主人，他们会确切地知道客人喜欢吃什么、喝什么、听什么音乐。不仅是作为主人，和谐部长其实在生活的方方面面都非常倾向于舍己利他。他们为身边的人这样做，是因为他们重视并需要和谐与和平。

和谐部长有时会看到根本不是问题的问题，而真正的问题更让他们忧心忡忡。他们的谨慎多虑很容易升级为悲观情绪，甚至消沉、抑郁。但大多数时候，他们不会把这种忧郁表现出来，对外仍然表现得波澜不惊。由于讨厌冲突，他们很能忍受糟糕的情况。如果他们的体贴能多给自己一些，能更好地照顾一下自己就好了。他们的责任感和低调常常磨灭了生活乐趣。

由于性格内向，和谐部长可不是话匣子。与人谈话时，他们喜欢让别人先说，而他们自己则是非常专注的倾听者。只有很熟悉了，他们才会说出自己真正的想法和感受。由于非常友好、合群，和谐部长不论在哪儿都很受欢迎，但他们自己往往根本意识不到这一点。尽管如此，他们也可能会因为脱口而出的批评伤害他人，出色的观察力有时会让他们在评判别人的时候非常严格。

当辛勤的工作让他们疲惫不堪时，他们会完全沉浸在自己的世界里。如果这时能够独处，没有需要关注的谈话对象，他们会很高兴。

○ 工作 ○

与所有事物一样，和谐部长在所有事情上都非常认真、可靠，他们的职场生活也是如此。与不断提出新计划相比，他们更喜欢可以利用自己的知识和经验的工作程序。和谐部长追求完美主义，他们可以用无尽的耐心事无巨细地打磨工作。无论如何，这比潦草地同时完成许多任务更适合他们。他们最大的优点在于坚忍和缜密，而非灵活和随性。

他们对公司非常忠诚——除非有充足的理由阻碍他们的忠诚度。像所有实感判断型一样，他们可以毫无困难地适应等级制度并接受权威——不是出于对权威的尊重（虽然他们会表现出尊重），而是因为他们确信，没有规矩不成方圆。

他们最喜欢的是内容上结构清晰，能得到切实结果和结论的工作。在内容方面，他们更喜欢符合自己倾向，能为他人提供实际支持的事务。由于敏锐的观察力和准确性，他们通常是那些不擅长处理细节和常规工作的人的灵魂人物，即那些人格画像中有直觉的人。和谐部长作为执行秘书、医务人员、会计师、技术人员或教师时，会表现出色。他们不是特别愿意冒险，因此更喜欢固定职位而不是创业单干。

由于内向，和谐部长擅长单独工作，但也善于团队合作，因为他们具有适应性和社交能力。但是，只有团队齐心协力时，他们才喜欢团队。冗长的讨论很快就会让和谐部长厌倦，因为他们通常清楚地知道应该如何解决问题，并且想完成工作。

因为有强烈的责任感，和谐部长很受上司器重。尽可以放心地把任务交给和谐部长，他们至少能达到预期的水平，通常还会超出预期。“先工作，后享乐！”他们几乎是这句话的代言人。

和谐部长很少争抢管理岗位：取得成就对他们来说没有什么大不了的，他们往往低估自己。然而，如果被推上管理岗位，他们就会把员工的需求放在首位，因为他们非常看重和谐、团结的合作。如果团队中出现分歧，需要他们发号施令，他们就会倍感压力。他们不愿意违背下属的意愿下达命令，受不了下属有不满的情绪。由于追求完美，他们不善于分派任务。由于害怕冲突和追求完美，他们会把很多事情抓在自己手中，因此有工作到崩溃的风险。

○ 爱和友谊 ○

和谐部长很少坠入爱河——更不会爱到神魂颠倒，他们太务实了，对伴侣的期望也很固定。这使他们不自欺欺人——他们最多只有一层淡淡的滤镜，但至少仍可以看清现实。传统的和谐部长很看重婚姻和家庭，因此他们几乎不被冒险的爱情诱惑，而是会寻找终身伴侣。当他们认为自己找到了对的人时，就会为两个人共同的幸福而努力。

对于和谐部长来说，爱意味着安全、互相信任和稳定。他们忠诚而体贴，无微不至的关照让伴侣的日常生活更加愉快。他们以此表达深厚的感情和责任感，而不只是甜言蜜语。

和谐部长认为自己对关系的好坏负有很大的责任。为了和谐与和平，他们会果断放弃自己的需求。

如果遇人不淑，他们宁愿一忍再忍，在最终决定了断之前，他们会为维持关系承受很多伤害和失望。哪怕不幸福，他们也很难为了某种不确定的未来放弃一些熟悉的东西。虽然他们很现实，却仍会选错人。这与许多和谐部长有意识或无意识的内心冲突有关：他们的责任感和高度的纪律性使他们很容易被非常感性、潇洒的人吸引。可以说，这些人活出了和谐部长自己做不到的一面。因此，他们可能会全心全意地爱上不愿负责的浪子，但也会对他们绝望。

作为朋友，和谐部长是非常忠诚、可靠的伙伴。他们维护的友谊不多，但非常稳定。在这方面，他们也有被人利用的危险，他们不忍心拒绝朋友的请求。只要他们细心、忠诚的付出得到了回报，友谊就是一辈子的。

○ 为人父母 ○

家庭和孩子是大多数和谐部长的重要生活目标。作为父母，他们非常体贴、有爱心和耐心。对他们来说，为了孩子，任何牺牲都值得。和谐部长是家庭型的，他们努力打造舒适、温馨和整洁的家。像所有实感判断型一样，他们偏于保守，主要是想把孩子培养成负责任的人。他们教给孩子明确的处世标准和规则。他们的教育方式也有明确的规则，然而，他们的宽厚使他们不是总能坚持原则。

和谐部长自己谨慎小心，因此也想尽可能保护孩子远离一切危险。他们往往过度保护，以至于削弱了孩子的自信心和独立性。对于和谐部长型父母来说，袖手旁观，让孩子自己去经历那些有时候很痛苦的事情，始终是一种挑战。和谐部长终生都是全心投入的父母。子女成年后，也很清楚在自己需要帮助的时候，他们的和谐部长型父母永远就在身边。

○ 问题与发展机遇 ○

稳定性和可靠性是和谐部长的最大优势，然而，如果表现得极其明显，他们就会变得死板、固执，甚至心胸狭窄。在这种情况下，他们过于保守地执着于自己的经验和信念，把所有其他可能性拒之门外。善意和明智的建议会被和谐部长当作耳旁风，他们偏执地遵循既定的惯例和习惯，顽固地拒绝涉足新领域。此时，这样想一想也许有帮助：如果愿意改变，最坏的情况是什么？重要的是，要从非常理性和清醒的角度审视自己对挫折和失败的潜在恐惧。草木皆兵时，和谐部长素来出色的现实感往往会失灵。

和谐部长非常谨慎。对失败的潜在恐惧使他们力求完美，这种恐惧也导致他们消极、悲观。与完美主义相伴的是他们过分的责任感，因此一些和谐部长几乎不会停下来放松，悲观主义为和谐部长（无意识地）挡住了可能的失望。因为他们做了最坏的打算，尽量无欲无求，就不会再有什么能真正让他们震惊的了。然而，这样一来，他们就失去了新体验给人们带来的期待和兴奋。他们的悲观主义时常让他们陷入恶性循环。如果他们对自己的行动是否成功更有信心，就会更自信，往往就能走得更远。然而，因为他们预设自己会失败，所以一出现障碍，他们就觉得自己的想法得到了证实，于是很快放弃。和谐部长的悲观主义也是由恐惧驱动的。做个盘点也许会有帮助，记录一下恐惧的声音在生活中误导了他们多少次，尽管恐惧曾用失败和难堪不断挑唆，但他们仍取得了多少成就。这样可能会让他们意识到，恐惧的声音已经有过很多次错误的预测。如果在一家公司担任顾问，恐惧早就被解雇了。和谐部长应该坚定地训练自己，在心里与恐惧保持距离。他们应该始终牢记，恐惧的预测并非基于理性的论据和事实，仅仅是害怕失败和损失的心理。这是他们灾难幻想的鬼影，毫无客观可言。此时，如果和谐部长能向朋友和同事寻求更客观的评估，也可能会有所帮助。

许多和谐部长背负着难以摆脱的沉重责任。为了活得更洒脱、轻松一点，他们应该更快乐，对享受生活“负责”。可以像计划任务那样把有趣的事写进日程表。也就是说，把休息和娱乐活动真正安排在日程和周计划里，并严格执行。重要的是，他们要积极地对自己负责，尽可能保持好心情、好体力。

这样想也许有帮助：心情好了，就可以再回来专注地为他人服务并投入工作。一旦陷入倦怠，对任何人都没有好处。为了防止出现这种情况，和谐部长要更无忧无虑地享受当下。他们应该多一点“对上天的信任”——许多事情都不按计划进行，但往往比预期更好！

其实，对冲突的恐惧也是他们生活中某些问题的根源。和谐部长很难把自己与周围人的期望区分开来，他们很难说“不”。这不仅会给他们自己带来压力，也会给他们的人际关系带来压力。因为如果经常“违背自己的实际意愿”做事，内心积聚的怨恨就会间接地爆发出来。

和谐部长不会明确地大声说出他们想要什么、不想要什么，但如果受不了了，他们就可能会垒起高墙，严严实实地把自己封闭起来。与他们互动的人会因此碰壁。当和谐部长感到委屈时，也会发生同样的情况。他们不会把事情讲出来，而是退缩到自己的壳里。要克服冲突的恐惧，和谐部长可以这样想：有话明说更公平，并且可以缓和关系。因为唯有如此，对方才有机会做出适当反应——毕竟，谁都没有读心术。和谐部长应该意识到，从长远来看，如果他们一直忍气吞声，自己对对方的感情就会变僵、变冷。反过来，如果能适时开口、协商和讨论，他们的关系就有机会保持活力和真正的和谐。

○ 个人使用说明 ○

- 请认可并欣赏我对你的真挚和忠诚。

- 请尊重我的隐私！我需要时间独处。当我一个人安心地做我感兴趣的事时，我是在给自己充电。之后，我愿意更用心地和你在一起。
- 谈话时，请对我有耐心一些！有时，我需要长时间地做心理准备来沟通。如果你能饶有兴趣、充满尊重地听我说话，我会放松下来。可以问几个试探性的问题，但请不要刨根问底或试图盘问我，否则我会很快闭嘴。
- 请和我一起做事，在家务和家庭中支持我。不要想当然地认为我有那么多责任。
- 如果我不怎么说话，请你不要不安。我经常沉默寡言，只是因为想不出有什么可说的。如果能讲一讲你自己，让我能分享你的经历，我会更加感激。
- 请不要期待我陪你参加所有的邀请和庆祝活动。与其他人会面会常常让我有压力，这让我筋疲力尽，而不是带给我快乐。请接受我宁愿待在家里这一事实。如果你一个人去，我没问题。
- 请不要太严厉地批评我！先听我说完，至少试着去理解我。如果我觉得自己受到了重视，就能更好地接受你的批评。
- 请不要打乱我的生活！我需要我的外在秩序和我的日常事务。知道要发生什么，会让我安心。
- 请不要打破我的传统！我是一个重视家庭的人，我喜欢和家人共同庆祝所有的节日。记住重要的纪念日，尤其是对我们的关系很重要的那些。你可以用这样的方式来告诉我，你有多喜欢我。

- 请信守承诺！可以信任你对我来说非常重要。如果计划有变，请提前通知我并说明原因。我需要时间来适应变化。
- 请欣赏我为你和我们的关系所做的一切！很多事情对我来说是理所应当的，我真的很愿意为之努力。尽管如此，当你表扬我时，我还是会很开心。
- 感谢你让我的生活丰富多彩，因为我往往会忽略这些因素。

ESFJ：社会部长[1]

E = 外向　S = 实感　F = 情感　J = 判断

社会部长会因其真诚、细心和乐于助人的性格脱颖而出，他们总是乐于倾听身边人的担忧和需求。有人求助时，他们很少拒绝。他们合群，有进取心。人们喜欢有他们做伴，因为他们会以友善、有同情心的方式营造良好的气氛。

社会部长是明显的情感型。必须做出决定时，他们很看重决定对周围人的影响。他们希望尽可能不要惹怒或伤害任何人。人际关系是社会部长生活的中心，他们在群体中最舒服，几乎总会选择愉快的约会，而不是一个人待着。和他人在一起，他们没有丝毫紧张。相反，让人兴奋的谈话是他们放松身心和获得力量的

1　与市面上常见的 MBTI 测试的结果中所译人格类型相对应，ESFJ 常被译为“执政官”。

最佳方式。因为关系对他们来说非常重要，所以他们会做很多事情来维护和谐的人际关系。理解、帮助他人是他们的深层需要，对他们来说，与人保持距离并维护自己的利益要困难得多。

社会部长能迅速判断他们是否喜欢某人。他们倾向于把喜欢的人理想化。如果不喜欢某人，他们的批评会相当严厉。然而，社会部长的原则是与人为善。理解力强和善于社交是他们最好的能力。社会部长忠诚且有责任感，他们承诺过的事情，就可以放心地让他们去做。

凭借具体的感知，社会部长能敏锐地看出身边人的实际需求和困境。他们通过积极解决问题或提供具体建议来给他人提供帮助。他们务实且有行动力，会直接把能做的事情都处理完，再去花时间思考或谈论不同的可能性。大多数时候，他们很清楚该做什么。社会部长虽然很能理解别人，却未必最有耐心。他们的判断力驱使他们采取行动：他们想迅速改变、速战速决。

恰恰因为社会部长感到自己实际上很依赖社会关系和亲密关系，所以他们不喜欢寻求别人的帮助。像所有实感判断型一样，他们觉得自己必须值得被认可。因此，他们更愿意给予，而不是索取。他们在心里记着给和拿的账，当在一段关系中给予对方多于索取时，他们才感觉最好。反过来，他们很难接受帮助——他们很快就会有欠债的感觉。社会部长在任何地方都会出力，无论是在工作中、在俱乐部里还是在派对上，他们都想做出贡献。

社会部长和和谐部长一样，是每个组织或家庭的灵魂人物，性格外向的社会部长喜欢站在幕前，而和谐部长则喜欢待在幕后。两者的共同点是，他们都可以毫无问题地融入社会组织和职场。他们承认权威，愿意进入体制，因为其中有明确的要求，他们知道自己该做什么。他们喜欢被需要。

社会部长不想辜负他人的期望，这源于他们对归属感的强烈需求。这种需求在他们小时候就很明显了：儿童时，他们的适应性就很强，而且会努力把一切都做好。他们不太容易得到父母的表扬，因为他们出色的表现和可爱的性格似乎是理所当然的。这种命运会延续到成年——他们的乐于助人常常被认为是他们的习惯。社会部长有亲和力，能很快与人聊起来。他们喜欢谈论他人和人际关系，也喜欢谈论自己的爱好和所有与现实有具体联系的事情。然而，如果长时间围绕哲学或科学的抽象话题聊天，他们很快就会心不在焉。

社会部长喜欢美好的环境，在乎物质生活。他们的家庭设计很有品位，并且被打理得很好。许多社会部长喜欢园艺。总的来说，他们爱护和珍惜自己的财产，而且往往在这方面近乎挑剔。尽管他们愿意为美好的事物、旅行或客人花钱，但他们也看重性价比。他们需要高水平的财务保障。

在处理问题时，社会部长会尽可能多地依靠他们知道的有效的可靠经验。因为是判断型，他们做事条理分明，有不达目的不罢休的内在动力。可以百分之百信赖社会部长：只要开始做，他们就会完成。只有工作结束后，他们才能心安理得地放松休闲。

社会部长心里有一个巨大的知识库，其中存储的各种信息都是身边亲友的需求和偏好。他们知道如何让别人开心，通常送的礼物都能投其所好。他们很喜欢请客：一方面，他们愿意和朋友在一起；另一方面，满足客人能让他们开心。他们自愿且慷慨地这样做，让客人感到舒适，是他们最大的乐趣。

○ 工作 ○

社会部长喜欢与人有很多接触的工作，他们在服务业、社会部门、护理活动和学校工作中很有代表性。他们的工作就是他们的使命，他们乐于关心和帮助他人。当感到自己的努力取得了成果并得到认可时，他们会更加投入，往往远远超出工作本身的要求。

社会部长做事很有条理，他们喜欢清晰、结构化的流程，最爱一件件事情依次处理。虽然他们喜欢多样性，但请一个一个来，而不是所有事情一哄而上。如果项目被迫中断，或者最后一个项目还没完就要接新项目，他们很快就会变得焦躁不安。只要有足够的自由来进一步完善和改进常规流程，他们就不抵触规则。社会部长工作认真、可靠、高效，他们善于组织，尤其是要协调多人的时候。可以放心地把任务委托给社会部长，他们一定会认真地按时完成。社会部长往往是完美主义者。由于是实感型，他们可能会迷失在细节中，有时甚至会忽视本质。

社会部长需要和谐的工作氛围，才能有工作效率。虽然企业氛围紧张时，他们也能完成自己的工作，但会明显消耗他们更多的精力。激励社会部长最好的方法是给予他们赞美和认可，他们就会马力全开。他们对表扬和批评的反应很敏感，而且很容易感到委屈。这是因为社会部长希望在好好工作的同时与同事建立良好的关系，所以他们会认为不满是针对他们的。如果在工作中受到批评，他们会自然而然地感到自己被拒绝了。

社会部长最喜欢，也最擅长团队合作。像他们这样外向的人，会在与他人交流时迸发灵感。他们通常是公司的“社会新闻中心”，如果有人知道同事的专业和私人新闻，那就是社会部长。这并不是因为他们好奇地盘问过谁，而是因为许多人都会向他们吐露心声。社会部长是公司的“灵魂人物”，其他人都很欣赏他们的善解人意和善良。他们必须小心，不要因为他们太重视社交而忽视了工作。他们常常与人聊着聊着就忘了工作，根本没注意到时间是怎么过去的。

如果社会部长走上管理岗位，他们首先会营造良好的工作氛围。他们的领导风格是更注重关系，而非任务导向。当团队有分歧，而社会部长不得不发号施令时，就会出现危机。社会部长不愿意违背员工的意愿强制下令并因此失去人心。然而，大多数社会部长都（努力地）学会了坚持立场，即使这对他们来说很困难。社会部长还会反复陷入让自己负担重的困境，因为把让人不愉快的任务委派给员工会让他们良心不安。

○ 爱和友谊 ○

由于性格开朗、讨人喜欢，社会部长能很快结交朋友，朋友圈也很广。他们的社交生活非常忙碌，经常与人约见面、通电话、聊天。他们永远知道朋友最近在忙什么。只要有人需要，他们就会出手相助。社会部长是非常热心和忠诚的朋友，像所有情感判断型一样，他们对自己的人际关系非常负责。大多数时候，他们都是安排见面并主动提供帮助的人。这让他们有安全感，因为这是他们赢得友谊的方式。反过来，他们自己很难接受别人的帮助。

组建家庭是许多社会部长重要的人生目标。因此，他们会追求长期而稳定的伴侣关系。对他们来说，爱意味着温暖、相互关心和承诺。他们忠于伴侣，愿意为他们的关系而奋斗。坠入爱河时，他们会用许多不同的方式表达情感。他们能非常准确地感知伴侣的愿望和需要，并能一次次无微不至地给对方制造惊喜。他们会善意地强调伴侣的优点，这的确能让对方展现出最好的一面。社会部长很有天赋，能把两个人的家打造成舒适、安全的绿洲。然而，由于外向，他们很少“隐退”在亲密的二人世界里，而是会让家成为经常有客人来访的开放空间。社会部长的家虽然总是很热闹，但很少会乱成一团。由于务实且以目标为导向，他们能始终把握全局，并很好地处理家务。对于家庭生活的良好运转，他们有非常明确的想法和清楚的规则，并会以此来指挥伴侣以及其他家庭成员。社会部长喜欢节日和传统聚会，他们会兴致勃勃地为这些做准备。

无论顺境还是逆境——甚至在非常困难的时期，社会部长都会支持伴侣。可惜，即使遇到不像他们那样真诚、正派的伴侣，他们也会如此。社会部长很难放手——哪怕一段感情毫无益处，他们仍然会坚持很久。由于害怕孤独，他们会一再迁就伴侣的缺点。

对于社会部长来说，被分手是极其可怕的伤害，因为感情关系是他们生活的支点，为此他们（几乎）什么都愿意做。更何况，他们会把伴侣的离开视为自己的失败。在这种情况下，社会部长体贴、友善的本性可能会黑化：他们会利用自己对伴侣的全面了解，尤其是对其弱点的了如指掌，攻击伴侣最敏感的地方。然而，这种报复欲通常持续不了多久，因为庞大的朋友圈让社会部长拥有非常牢固的社交网络，这会分散他们的注意力，帮助他们减轻分手的痛苦。

○ 为人父母 ○

社会部长是全心全意付出的父母。照顾家人、构建充满爱的安全的家，能让他们找到成就感。他们对待孩子极其温暖、真挚。他们非常重视向孩子灌输社会价值观，告诉他们要落落大方。他们鼓励孩子交朋友、接触社会，如果孩子喜欢独处，他们就会很担心，因为这种内向的需求对他们来说太陌生了。

社会部长的观念传统，甚至保守。这在教育风格中表现为，他们通常对孩子应该如何发展有着非常明确的想法。如果这符合孩子的天性，他们的愿望和才能就会得到非常广泛、稳定的支持。但是，社会部长要注意，不要用自己的想法过多地限制孩子的成长，而是要给孩子的兴趣和天赋充分的发展机会。尤其是社会部长型母亲，她们可能会过分关注孩子的成功和失败，并将其视为自己的延续。有这种倾向的社会部长应当始终提醒自己，放松对孩子的控制很重要，他们不仅是父母，也应该继续追求自己的人生目标和爱好。

尽管立场坚定，但社会部长型父母常常很难违背孩子的意愿、始终如一地坚持原则。与所有其他关系一样，他们希望尽可能避免争吵和失望。在教育行为上，这意味着他们有时会很快妥协，而不是坚持他们心里认为正确的事情。

○ 问题与发展机遇 ○

社会部长最大的优点是善解人意和乐于助人，与此同时，这也可能成为他们最大的弱点。社会部长有可能过于关注他人的需求而忘记了自己。由于没有足够认真地对待自己的需求，他们不知什么时候就会失去对需求的感知力。他们迟早会筋疲力尽。这也难怪，因为他们为了维系关系而不断打破身体和情绪的极限。

为防止出现这种风险，他们应该经常观照内心，问问自己："我现在感觉如何？我的需求是什么？"他们应该敢于更频繁地明确表达自己的愿望和感受。这样，伴侣就不必去揣摩他们的心思，这会让关系保持活力和长久的和谐。毕竟，如果感情出现问题，社会部长不仅会怨恨自己，也会怨恨对方。让对方知道自己怎么了，其实更公平。如果这样去想，社会部长就能够鼓起勇气开口。

许多社会部长极力迎合他人的期望，他们害怕不这样做就会破坏感情。因此，许多社会部长回避争执和对抗，宁愿忍气吞声。然而，如此一来，他们就错失了在最有可能达成妥协或改变时尽早解决冲突的机会。如果局面失控，最后真的吵起来了，对彼此都会造成伤害。这又让社会部长更加坚信，最好不要挑明问题。由于回避冲突，社会部长很少能体验到，把事情讲清楚对关系多么有益。让许多社会部长不断委曲求全的原因之一是，他们害怕独自生活。与许多其他类型相比，他们感觉自己更依赖亲密关系。扩展生活领域也许会有帮助，他们应该在亲密关系之外寻找快乐和满足感，不论是专业领域还是业余爱好、休闲活动。生活的幸福不依赖伴侣，而是掌控在自己手中。这种体验越多，他们就越能感到自己的强大和独立。

然而，主要是在涉及许多感情的亲密关系中，社会部长才会回避冲突。如果与对方的交情比较浅，比如在职场接触中，他们就可以很清楚地坚持自己的立场。

社会部长对他人的需求非常敏感，但并非总是如此！他们必须小心，不要用自己的善意关怀和支持压制或束缚他人。社会部长认为自己很快就知道对方需要什么——他们会果断而务实地采取行动，然而，他们极少数会觉察到自己的帮助根本不受欢迎。对于社会部长来说，时不时地意识到自己不需要对周围人的幸福或痛苦负责，可能是一种极大的解脱。他们可以提供帮助，但不能决定别人是否愿意接受。

如果社会部长发现别人并不像他们那样愿意倾囊相助，他们有时会感到失望。不过，必须说明的是，这种情况常常是社会部长自己的问题，因为他们不敢向别人求助，更不敢主动提出要求。他们认为身边的人应该知道什么时候需要出手。可大多数人并不具备社会部长明察秋毫的能力，他们经常会感到委屈，不明白社会部长为什么失望地退出。只要社会部长说句话，他们就会很愿意帮忙！

如果社会部长能像对待身边人那样周到、体贴地对待自己就好了，他们常常努力不让自己自私，不愿为了自己而无视他人的利益。然而，对自己好并不是自私，关键是要找到平衡点，不要从根本上断定自己的需求不如他人的需求重要。

社会部长最薄弱的地方是他们不怎么突出的理智判断，情感在很大程度上主导着他们所做、所决定的一切。由于代入感太强，他们很容易受到伤害。因此，对于许多社会部长来说，有意识地训练自己的理性判断是有好处的。

为此，他们必须更频繁地从当事人切换到观察者的角度。也就是说，抛开所有情感，凭借理性论据，非常冷静地从外部评估情况。为了尽量保持头脑清醒，他们应该努力与自己的情感生活拉开一点距离。向人格画像中的理智型寻求建议，也会对他们有帮助。

○ 个人使用说明 ○

- 请听我说！当我给你讲事情时，请专心一点、体谅我一点。不要马上批评我，先让我说完并试着理解我。不要认为我小题大做——我真的有这种感觉！
- 请告诉我，你喜欢我！我们的关系对我来说是如此重要，我常常听不够。
- 请不要只和我谈论现实的话题！我更感兴趣的是，你怎么样，你感受如何。我想尽可能多地了解你个人的事。
- 请欣赏我为我们的关系所做的一切！我总是努力寻找我们都能接受的妥协方式，并且愿意为此降低要求。请不要固执地坚持你的观点而毁了这一切。
- 请欣赏我为我们俩打造的温馨、舒适的家。我不介意主要由我来打理，但你至少应该注意到这一点。如果你能偶尔帮帮忙，那就太好了。
- 请尊重我对秩序和整洁的需求，不要把一切都弄得乱七八糟！

- 和我出去，融入人群吧！我是很合群的人，需要多样性和与人交流。你最好能陪我，但如果你不喜欢，我也能理解。请不要期待我宅在家里，让我心安理得地出去吧。
- 请准时、可靠！或者，如果你会迟到或计划有变，至少及时通知我，我需要时间来应对新情况。如果不断地打乱我的计划，我会很恼火。
- 如果批评我，请慎重。不要忘了，大部分时间我都是出于好意。

ISTJ：精确部长[1]

I= 内向　S= 实感　T= 理智　J= 判断

精确部长不观察世界，只检查世界，他们认真而彻底地审视与他们相关的事情和人。他们是天生的检查员，几乎没有错误能逃过他们的眼睛。

精确部长是可靠的化身。只要精确部长着手做事，就会无可挑剔地按时完成。精确部长不遗余力地信守诺言，并期望他人也这样做。在他们看来，不可靠是一种耻辱。他们踏踏实实、兢兢业业，并重视传统。他们的座右铭是“天道酬勤”。精确部长非常希望把每件事都做好，他们想成为有用的人，希望有归属感。他们从小就经常寻找可以为家庭和社区做出贡献的小任务。

1　与市面上常见的 MBTI 测试的结果中所得人格类型相对应，ISTJ 常被译为“物流师”。

在社交方面，精确部长往往很矜持。他们更喜欢倾听，而不是自己多说。但只要开口，他们说的话都有据可依。

精确部长更喜欢具体感知，他们通常具有出色的记忆力。在他们感兴趣的领域，他们可以成为行走的百科全书。他们会把记不住的东西存档在其他地方，并且知道需要的时候去哪里找。他们喜欢合乎逻辑的后勤系统，并且非常擅长检查它们的错误和缺点。不公正的现象也会立即引起他们的注意。他们会耐心、精准、安静地分析事物。他们是铁杆现实主义者，只关注此时此地、事实和系统，思辨和抽象的理论对他们来说则是不可信的。

精确部长非常有条理、有秩序，很少能看到他们的家或工作场所凌乱不堪。一切都各居其位，干净整齐。他们排斥艳俗、花哨和嘈杂的东西。不论做什么，他们都保守而内敛，包括着装方式。无论购买汽车、衣服、新房还是家具，他们都看重耐用、实用和价格合适。他们基本上更喜欢传统的东西，而不是紧跟最新的时尚潮流，对于后者，他们总是抱有怀疑态度。

精确部长相信他们的经验，只有经过验证的东西失效时，他们才会寻找替代方案。他们务实、脚踏实地——他们寻找的不是最创新的解决方案，而是最明智的。他们能看到什么必须解决，并会马上着手处理。对他们来说，只有明确的事实才可靠。

与人打交道时，精确部长通常含蓄而友好。一些精确部长也给人留下非常矜持，甚至冷漠的印象，然而，这不是他们的本意。之所以如此，不仅是因为他们以一种内向的退避方式看待周遭，还因为他们与事或人之间保持着某种批判性的距离。

像所有实感判断型一样，他们非常有责任感，不会不加思索地开始做事，而是提前分析以往的经验和可能存在的风险。一旦开动，他们就会极其认真。他们会批判性地审视自己的成功，连小的细节也不会放过。

对于精确部长来说，规划意味着安全感。知道别人对自己有何期待、他们应该如何应对时，他们感觉最好。精确部长很需要掌控很多，他们比大多其他类型更难任凭事情自行发展。他们不仅非常警觉地观察周围的环境，还常常带着一定的不信任。为了尽量让自己无懈可击，他们倾向于完美主义。这造成了某种根本性的紧张，但客观来看，他们可以放开一些，降低自己对结果的高要求。即便如此，他们还是会比一般人做得好。像所有实感型一样，精确部长可以毫无问题地适应组织和等级制度。这不是出于对上级的过度尊重，而是因为他们在生活的各个领域都喜欢结构和组织。因为重视传统，他们也喜欢仪式和庆典。然而，在太多人的庆祝活动中，他们常常感到不自在，除非他们设法关掉自己的“内心防卫”，尽情享受。因为当他们把所有的职责都抛在脑后时，就会变得非常性感，能真真正正地享受美食和美酒。

生活中不论小事大事，他们的秩序感和完成事情的冲动都能派上用场。精确部长认为，按部就班是处理日常必要事务最有效、最方便的方式。只要没有原因，他们肯定不会改变流程。

精确部长还会很早规划自己的人生道路，他们准确无误地朝着他们的职业和私人目标前进。只有在极端情况下，精确部长才会迫不得已地中断已经在做的事情。精确部长的纪律性很强，极有耐力——哪怕在让他们很痛苦的培训和工作岗位上也是如此。

精确部长在方方面面都会未雨绸缪，他们节俭，尽可能低风险且稳定地存钱。

如果进一步了解精确部长，就会发现，他们在严肃和冷漠的表象下隐藏着魅力和智慧。因为精确部长从很远的距离看世界，并且是非常好的观察者，所以他们能注意到很多其他人容易错过的东西。他们观察力极强，说话又毫无修饰，有时甚至是黑色幽默。

○ 工作 ○

精确部长的职业道德不可动摇。不论投入多少时间和精力，他们都要把工作做得滴水不漏。因为很会安排，所以他们在工作内容和时间上都非常高效。

许多精确部长很早就坚定地朝着自己的职业目标努力了，职业生涯往往一路平坦。他们努力争取务实，尤其是稳定的工作。自由职业对他们不是很有吸引力，这违背了他们对生存安全感的需求。精确部长愿意用枯燥换取确定性和可计划性。工作不一定要有趣，但必须有产出、有意义。必要的时候，他们会把不愉快的事情咬牙坚持下来。他们本来就是这样现实、理智。

精确部长在工作中很有耐心，但对同事并不总是如此，尤其是对那些不遵守规则和程序的人。规则是用来遵守的，不能为了个人的私利就随便打破。如果每个人都能像他们一样有职业道德和责任感，他们会很高兴。同时，他们信守约定和承诺，是非常可靠的商业伙伴。同事和员工欣赏他们的细致、可靠，但有时也会有点怕他们。精确部长通常对权威毫无异议，并且能适应等级制度。他们甚至喜欢明确界定责任范围，因为这样可以确保秩序和透明度。

精确部长对自己的能力有自知之明，不会承诺超过能力范围的事情。他们更喜欢也更擅长独自工作，宁愿把精力用在工作上，而不消耗于争执、解释上。他们并不渴求管理岗位，但由于忠诚、能干，他们往往会被推到这样的岗位上。他们代表了一种以任务为导向的态度：人际关系是次要的，不属于工作。他们以身作则，从不夸口。他们希望下属像他们一样认真负责地工作。然而，精确部长不喜欢委派工作，因为他们怀疑其他人能否达到自己严格的标准。他们很难取悦，拿不准的时候，他们更愿意亲自掌控。因为精确部长对自己也很严格，所以他们很少表扬员工。他们应该意识到，赞美和信任是有激励作用的。

精确部长喜欢从事结果可见可测的务实的工作。抽象思考在他们看来太空洞，会吓退他们。他们还讨厌许多随时要求人际交流的工作，通常从事行政、办公室和实验室工作，这些工作需要良好的组织能力和对细节的关注。许多精确部长具有数学天赋，他们可以轻松地掌握复杂的数据。任何涉及处理数字的工作都很适合他们，无论是审计员、银行家、投资顾问，还是会计师。

○ 爱和友谊 ○

精确部长很慢热。要想真正了解他们可能需要很长时间，而且不少人已经对他们无计可施了。精确部长通常朋友很少，但友谊长久、稳定。他们很少扩大这个固定的圈子，因为他们没有特别明显的个人交流需求。他们喜欢和朋友讨论共同的兴趣爱好，很少谈论私人和私密的事情。

对于精确部长来说，爱意味着稳定、安全和忠诚。与生活的所有其他领域一样，恋爱时也可以百分之百依赖他们。他们想要持久的感情，希望自己在关系中体验到的信赖感和他们愿意给予的一样多。因此，他们在选择伴侣时很挑剔，对待婚姻契约就像对待商业合同一样认真。他们忠诚、可靠，为伴侣和家庭承担责任。他们非常依恋伴侣。因为素来很少接触外界，所以他们的恋情常常非常有排他性且非常亲密。他们会长期坚守关系，即使这不一定会让他们开心。然而，他们宁愿留恋现有关系的安全感，也不愿冒险尝试不可预测的新关系。与另一个伴侣在一起也许会更快乐，但这种前景的不确定性对他们并没有什么吸引力。

精确部长不是高谈阔论的人，他们会以实际行动展示自己对伴侣的喜爱。在他们看来，爱的最好证明是他们为之奋斗的物质保障，且生活稳定。指责他们冷漠和薄情会让他们非常委屈，因为他们认为自己所有的努力和深层的依恋都被忽视了。然而，他们的确可能出于纯粹的责任感而稍稍忽略了温存的关怀。

○ 为人父母 ○

对于具有传统意识的精确部长来说，家庭和孩子往往是生活的重要目标。他们很严肃地把为人父母视作终生的责任，他们想为孩子提供一个稳定、安全的家庭巢穴。明确的规则和同样明确的教育结果是精确部长的指导原则。他们认为，孩子应该尽早学会承担责任，这样才能成功地度过一生。这包括，孩子足够大了，就要承担一些小家务。他们耐心地教孩子如何做手工艺、烹饪、园艺或体育活动。即便是为人父母，他们也是行重于言。他们的爱体现在他们对孩子的奉献和照顾上。即使对孩子，一些精确部长也很难说出自己爱他们并与他们亲昵。

精确部长会很认真地对待他们作为父母的责任。因此，他们有时无法轻松下来，无法与孩子一起沉浸在想象中与他们一起尽兴玩耍。他们试图在教育方面毫无瑕疵，可恰恰是这一点可能会成为问题。落在他们身上的责任也会转嫁给孩子，孩子感受到父母的要求，承受着太多要做出成绩的压力。

○ 问题与发展机遇 ○

精确部长可靠、尽责、一丝不苟，他们明察秋毫，连别人忽视的最小的错误也逃不过他们的眼睛。如果希望某件事能无可挑剔地按时完成，最好把它交给精确部长。然而，精确部长的这些优势恰恰可能带来害处。精确部长通常非常清楚他们想要什么，以及达到目的最可靠的方式。他们的信念是基于他们所相信的过去的经验，他们非常不愿意尝试新的方式，并且对未知事物保持警惕。他们看不到很多替代方案，因为他们把自己的目光局限于传统方法。

他们往往会陷入细节之中，因此可能忽视了重要的事情，努力也会变得徒劳。他们应该注意始终把握整体，为此可以后退一步，把目光调为广角。

只要验证过，精确部长就会坚信自己对事物的看法。他们会捍卫自己的观点，而不依赖他人的认可。一方面，正是出于这个原因，他们稳定且可以预测；另一方面，他们常常因为不去尝试新的方法而错过新的体验。精确部长常常落后于最新的发展，只有经验数据足够多，他们才会加入——可这个时候，以前的“新发展”往往已经过时了。精确部长应该鼓起勇气接受新事物：毕竟他们总还可以依靠自己务实的理智，即使出现问题，也可以重新控制事情。

精确部长想知道将会发生什么，他们会尽可能地为所有可能发生的情况做好计划和准备。他们总是无法放松，不相信某些事情无论如何都会与计划不同。项目圆满成功时，精确部长理所当然地会感到非常自豪。然而，为此付出的代价是，他们要在做项目的过程中承受难以摆脱的持续的执行压力。他们太关注不完美、未实现的东西，因此反而贬低了自己已经取得的成就。结果是，他们经常不甘心。尽管客观地看，他们本应对自己很满意了。如果他们能意识到自己的成功——最好是书面记下来，并随时提醒自己，可能对他们会有所帮助。此外，应该注意的是，尽可能地保持心情愉快。出于纯粹的责任感，他们有时会忽视生活的乐趣。如果能开心一点，有些事情就会处理得更得心应手，与亲友和家人打交道也变得更容易、更顺畅。“糟糕的生活对谁有好处？”客观而有逻辑地回答这个问题，也许能帮助他们放松一些。他们应该把享受生活和保持心情愉快变成自己的“职责”。

精确部长在人际交往中往往会感到难为情，尤其是在不了解对方的情况下。此外，他们有时缺乏必要的分寸感，以至于无意中冒犯了别人。精确部长可能整个晚上几乎什么都没说，然后突然提出严厉的批评。周围的人不仅会感到惊讶，而且感到莫名其妙。如果精确部长能向情感型学习一些客套的形式，或许会有帮助。例如，若是先说几句赞赏的话来做铺垫，他们的批评肯定会更容易被人接受。毕竟他们的批评往往是有道理的，只是有时表达方式不太合适。

对于精确部长来说，情感首先就很可疑，而且常常让他们尴尬。如果能加强对自己内在心理过程的理解，他们就能更轻松地面对他人、面对自己。他们对事实的分析有多么仔细、精确，对心理体验的看法就有多么模糊。

自我反省是一个被他们忽视的领域，尤其是男性精确部长。这会妨碍他们自身的发展。尽管他们在其他方面非常有正义感，却经常对身边的人判断错误，因为他们对人的评价往往过于苛刻。所以，他们最好在同理心上多下功夫。为此，他们必须给自己的感受更多空间，尤其是悲伤、无助、恐惧等常常被他们的纪律感和抱负压抑下去的感受。多接触这些软弱的感受，他们就会柔软下来，他们的生活就会变得更充实、更有活力。精确部长潜意识里害怕失去控制，这是他们不愿处理自己感情的另一个原因。然而，如果他们更包容自己的情感，就会有治愈感，即他们完全承受得了这些情感，而且根本没那么糟糕。此外，自身感受是他们能更好地与他人共情不可或缺的基础。这会让他们更深刻地理解很多人际问题，也能更和谐、更有爱心地塑造人际关系。只要多关注一下自己的情感，而不是习惯性地压抑，就能感受到。一个培养更多自我意识的好任务是，在一天中不时地停下来回答这个问题:“我现在感觉如何？”

○ 个人使用说明 ○

- 请给我独处的时间！我需要休息和安静来保持内心的平衡。如果能在独处时重新获得力量，我就会更加投入地陪着你。
- 我们交谈的时候，请给我时间思考！我必须先整理一下自己的想法，才能说出来。如果事情很棘手，最好能让我先去睡一觉。
- 请不要期待我会陪你参加所有的约会！和别人在一起常常让我筋疲力尽，我得有心情才行。如果打不起精神，我最好待在家里。敬请谅解！
- 感情的事请有耐心一些！我很难描述真正打动我的是什么，而且通常很慢热。只有在没有压力时，我才能接受。
- 请不要太情绪化！不管怎样，尽量保持客观一点，这样我才能理解你。情绪爆发和“戏剧场景”让我心烦。
- 当我批评你时，不要把它放在心上！当我指出你的错误时，不是要伤害你，而是想帮助你。
- 如果你生我的气或觉得受到了伤害，请告诉我！我猜不出你心里在想什么。只有你和我谈谈，我才能改变一些事情。
- 请尊重我的秩序和我的习惯！以某种特定的方式做事，不是我心血来潮，而是这种方式经过了验证。稳固而熟悉的流程让我有安全感，我很难摆脱它们，所以请不要总是要求我随机应变。请靠谱！信守诺言，或者至少在计划改变时提前通知我，并向我解释为什么要更改。

- 请欣赏我为我们的生活带来的稳定性和安全感，欣赏我为此多么负责、尽职、努力奋斗。
- 请不要大手大脚！财务安全对我很重要。

ESTJ：规划部长[1]

E = 外向　S = 实感　T = 理智　J = 判断

规划部长精力充沛、意志坚定、风趣幽默，他们是卷起袖子该做什么就做什么的实干家。正如他们的“头衔”所暗示的那样，规划部长热爱计划和安排事情。凭借具有批判性的眼光和对细节的敏锐洞察力，他们分析情况、制订计划并开始行动。他们是快速的决策者，他们不会长时间讨论和冥想。

他们兢兢业业、纪律严明，“可靠”是他们最喜欢的价值观之一。他们无法想象没有待办事项清单的生活，他们会高效且极有条理地完成任务清单。“完成”这个词能引发他们心里的幸福感。他们严格遵守自己的原则：“先工作，再享乐。”规划部长期

1　与市面上常见的 MBTI 测试的结果中所译人格类型相对应，ESTJ 常被译为“总经理”。

待着这种快乐——这是他们完成工作的动力，因为他们不仅纪律严明，也非常进取、合群。即使在闲暇时，他们也喜欢亲自制订娱乐计划。

规划部长可以毫不犹豫地做出决定和承诺，他们批判性地分析情况并仔细、客观地权衡所有利弊，由此做出理性的决定。像所有理智型一样，有逻辑、理性、高效、公平和正义是他们最重要的原则。他们总是与一切保持距离，并具有批判性，因此即使他们对某事充满热情，也能迅速发现错误。他们相信权威，追求归属感和安全感，并努力争取责任重大的岗位。对他们来说，可靠和责任感有很高的价值。

规划部长喜欢说话，几乎对每个话题都有独到的见解。他们不会拐弯抹角，因此注定会闯祸。他们对人慷慨，获赠时也不忸怩。与他们打交道并不难，他们直来直去，谁都知道他们怎么了。由于他们有这样的特点，他们比其他类型更容易与人发生冲突。然而，只要你不是特别敏感或斤斤计较，这就没什么大不了的，因为规划部长的“口无遮拦”不仅能提供炸药，还具有很高的娱乐价值。他们一点也不乏味。

规划部长的典型特质是他们的具体感知力强。他们的目光似乎有X射线，可以精准地分析事物的运作方式或问题的解决方式。他们把这些知识存储在他们出色的记忆中。他们相信自己的经验，遇到问题时也会运用这些经验。具体的、“后勤”的和实际的任务会吸引规划部长。他们脚踏实地，思辨、实验、抽象理论甚至幻想，根本不是他们的事。他们扎根于物质世界，也喜欢把亲友和员工拉回到现实。他们用那种几乎是“X 射线的眼光”观察周围的环境，主要是针对数据和事实，而不怎么关注人际关系。虽然他们也对人际交往感兴趣，而且喜欢谈论，但他们没有细腻的“触角”去感受情绪和不言而喻的事情。如果规划部长去旅行——他们大多都喜欢旅行，那么他们最后一定可以做出一份翔实的旅行报告。这包括以下主题：国家和人民、风俗习惯、物价、住宿、娱乐项目、交通网络、政治和宗教。由于他们出色的记忆力，多年后，他们仍然可以调取这份报告。

规划部长是天生的组织者和实干家：他们仔细观察周围的世界并分析采取行动的必要性。分析完成后，他们会做出战略决策，制订行动计划并全力以赴！他们知道如何充分利用现有的资源，不仅会安排好自己，还知道如何组织所有相关人员。

如果迟迟不能决断，规划部长会变得焦躁不安。像大多数判断型一样，他们有强烈的完成任务的冲动，而且会尽可能高效地做到。规划部长讨厌所有半途而废的事情，也讨厌优柔寡断、混乱、漫无目的和缺乏计划。他们不喜欢听天由命，而是要计划和组织，尽量为所有可能发生的情况做好准备。他们只在不得已时才即兴发挥。规划部长是有悲观倾向的、强硬的现实主义者。他们总是为最坏的情况全副武装，口袋里总是有“B 计划”和“C 计划”。

规划部长在生活中总是把大小事都做得井井有条。对他们来说，日常惯例并不可怕，反倒是一种完成必要工作的有效方式。他们中的大多数人很早就有了人生规划，并且对自己的职业和个人规划有着相当清晰的认识。他们未雨绸缪，财务方面也是如此。规划部长很节俭，他们理智地投资，喜欢长期、低风险地理财，购置的东西必须是耐用且实用的。

大多数规划部长很少过得奢侈，但他们愿意在娱乐和旅游上花钱，因为他们喜欢出去走走，也喜欢和其他人在一起。

天生有行动力且善于交际的他们喜欢娱乐。规划部长通常心情很好，会在节日和聚会中营造愉快的气氛。他们从来不缺约会和邀请。规划部长喜欢以结果为导向的活动，因此经常活跃于运动团体或探路者之类的俱乐部，并且喜欢在其中担任一定职务。他们努力维护（良好的）传统和制度，也批判性地观察社会。对于负面的社会变化，他们不乏思考，而且会非常仔细地观察并讲出自己的看法。

○ 工作 ○

规划部长喜欢需要积极行动且结果可测的工作。如果工作要求行动力和组织才能，他们就来对地方了。他们喜欢仔细搜索、管理细节和数据。由于偏好做决定，规划部长喜欢在法律行业工作，此外也会在行政、保险、人力资源或管理领域中找到他们。规划部长还喜欢从事看得见结果的手工制造业。他们像所有实感判断型一样具有传统意识，愿意为历史悠久的机构服务。他们对公司非常忠诚，除非受到剥削和不公平的对待，他们才会放弃忠诚。

规划部长有详尽的时间表，他们不想浪费时间。他们做事非常高效，除非发生意外，影响了他们的进度。组织能力强的反面是缺乏灵活性，规划部长讨厌所有突然的、不可预见的变化，这往往会打乱他们的整个计划。只有在及时公布并理由非常合理的情况下，他们才能接受更改。否则，规划部长会顽固地坚持他们的方法。

规划部长喜欢在团队中工作，因为外向的他们喜欢和他人在一起。虽然他们喜欢和谐的工作氛围，但如果工作中存在问题，他们就宁愿放弃和谐，因为对他们来说，工作显然是第一位的。由于规划部长有能力、可靠、执行力强，他们中的许多人会担任管理工作。工作时，他们以任务为导向，这意味着他们关注的重点是事情本身，而员工的人际关系需求是次要的。规划部长很明确应该做什么，如果需要倾听相反的观点，他们就会很不耐烦。尽管对批评和改进建议持开放态度，但他们并不喜欢长时间的辩论，他们通常认为这种事情没有效率。他们的管理风格相当专制，要求员工像他们那样遵守纪律、一丝不苟。发布命令和提出批评对规划部长来说不是难事。由于缺乏细腻的感情，他们在批评别人时往往严厉而客观，因此总会冒犯比他们更敏感的员工。然而，规划部长根本无意伤害别人——他们只是想推进工作。如果在发言之前先过过脑，想一想如何更好地表达看法，规划部长就会做得更好。基本上先铺垫几句欣赏的话就好了。另外，他们可以在这方面咨询情感型的同事，由此深入了解周围人的情感需求。他们很有可能获得的重要建议是，更频繁地表扬他们的员工。由于规划部长对自己的要求相当严格，因此批评会比赞美更快地从他们嘴里溜出来。

○ 爱和友谊 ○

规划部长性格外向，所以他们喜欢坦诚地与人接触。作为朋友，他们非常可靠且百分之百忠诚。他们通常有广泛的朋友和熟人圈子，圈子里的人形形色色、极其不同。规划部长喜欢说话，而且很有进取心。他们有很多想法，喜欢执掌计划、组织活动、短途郊游和旅行。他们很受朋友欢迎，因为他们善谈且风趣幽默，和他们相处永远不会无聊。然而，有时必须打断他们的滔滔不绝，因为他们可能会陷入冗长的细节描述。规划部长令人舒服的、简单的一面是他们大大咧咧——可以直接让他们长话短说，他们不会生气的。反过来，规划部长对朋友也十分直截了当——有时朋友们也必须能够忍受。

规划部长可以迅速而猛烈地坠入爱河，他们甚至会为此热情澎湃、心血来潮地舍弃许多计划。但是，时间不会太长：最初的热恋一结束，回归日常生活后，他们就会非常清醒地重新审视整件事。像大多数实感型一样，规划部长对伴侣关系的想法也很现实，并且知道他们必然会经历起起落落。因此，他们不会因为危机而轻言放弃。他们相信生活中难免会出现低谷，事情迟早会回归正轨。

这种相对的潇洒有优点，也有缺点：优点是，他们不会因为危机而情绪失控；缺点是，他们可能会低估了问题的难度，因此没有付出足够的努力来解决问题。规划部长的不操心很容易被伴侣视为不在乎，但其实是因为他们从根本上相信关系的稳定。

对于规划部长来说，爱意味着安全、可靠和忠诚，这些价值是让他们进入一段感情不可或缺的前提。他们关注稳定和持久。在通常情况下，他们一点也不轻浮——至少在经历过青春期的狂飙突进之后。他们愿意承诺并信守诺言。像所有实感判断型一样，他们很传统——婚姻和家庭对他们来说非常重要。虽然他们很健谈，有时却很难说出内心最真实的感受，也很难用语言表达他们的深情。他们更喜欢让行动来说话——以小惊喜的形式，并在需要时慷慨地给予伴侣支持。然而，他们的领导力也体现在伴侣关系中——他们可能会说一不二。这隐藏着发生冲突的可能性。他们最好能经常放松下来，给伴侣足够的空间来表达他们的想法和计划。与规划部长交往很少会无聊，因为他们对行动的热情和对冒险的渴望可以避免这种情况。

○ 为人父母 ○

规划部长型父母可以尽情地和孩子一起玩，带他们做很多事情。他们很重视为人父母的责任，并希望把自己很看重的东西传递给孩子：正直、坚定、忠诚和可靠。规划部长始终按照明确的规则养育孩子，他们不会吝啬表扬和奖励，但认为这些必须是孩子自己争取到的。对于禁令和处罚，规划部长说到做到。他们很少破例，除非有充分的理由。

规划部长在教育上规则明确且立场坚定，这为孩子提供了清晰的方向。但这也不能超过一定程度，还是要给孩子的个人发展留有足够的空间。规划部长也为孩子制定了明确的目标，然而这些目标未必能与孩子的才能和愿望匹配。由于规划部长很难舍弃自己的想法，最迟在孩子进入青春期并越来越想走自己的路时，冲突就会出现。大多数规划部长很难放手并接受孩子日益变得独立。此时，他们真正需要做的就是把自己放在孩子的位置上，这样他们很快就会意识到，孩子是自己的一面镜子——规划部长也极不愿意受控于人，也想做自己的事。这样去想可能会促使他们给孩子更多的自由空间。

○ 问题与发展机遇 ○

某些人格类型优柔寡断的规划部长有时却决断得太过轻率，

他们的问题往往是，他们不能不做决定。当事情悬而未决时，他们会感到紧张。他们想知道将要发生什么，还想制订计划并保护自己。结果，在还没有掌握所有重要信息之前，他们就过早地得出了结论。如果能更从容一些，多一点顺其自然的意愿，或许可以避免做出某些仓促的决定。

规划部长是非常稳定和高度可靠的类型，这是他们强大的优势。然而，不利的一面是，他们可能很保守，而且心胸狭窄。作为实感判断型，他们相信久经考验的事物，对任何新事物起初都持怀疑态度。他们会因此错过许多有用且有益的改进机会，或者少了那种单纯尝试新事物的乐趣。他们固执地坚持自己的想法，其他新颖的建议，即使更明智，也会遭到他们的拒绝。就算达不到预期的效果，他们也很难偏离最初的计划。因为规划部长认为自己确切地知道事情应该如何，所以他们有时会忽视事实，哪怕事实明显与他们的设想矛盾。规划部长不撞南墙不死心，当他们意识到自己周密的计划竟然失败时，就已经太晚了。这种执迷不悟背后的心理是，规划部长需要大量的控制才有安全感。此时或许会有帮助的是，思考一下，如果偏离计划，最糟糕的后果是什么。如果规划部长能更加放松，训练自己多一点“对上天的信任”就好了。他们的控制欲不仅会给自己带来压力，也会折磨别人。

规划部长可能（无意中）显得很自以为是。在大多数情况下，他们对自己的观点非常自信，而且会强烈地为之辩护。他们常常认为自己知道什么是最好的，所以他们喜欢为他人做主。如果别人不想采纳他们善意的、从他们的角度来看如此明智的建议，他们就会难以接受。在这种情况下，与规划部长讨论毫无意义。他们顽固地坚持己见，无视其他任何意见。此时，稍微放松一点会对规划部长有好处。他们虽然可以提供好的建议，但毕竟不能为他人的幸福负责。这样想也许会对他们有帮助。如果自己的想法遇到阻力，就干脆让步，而不是给对方增加压力，这会让他们的人际关系更融洽、更轻松。

他们太强的责任感有时不但使他们忘记了自己的需要，也忽视了身边人的需要。一半的原因是规划部长故意把自己的需求排在后面，另一半的原因是他们根本不在意。规划部长可以一直工作到倒下去。然而，这常常会让他们急躁、易怒。不但对自己如此，对他人亦是如此，一点点小事就足以让他们大发雷霆。为了提防这种情况出现，他们应该在日程表中安排好休息时间，更好地照顾自己。

练习心平气和，会对许多规划部长有好处。这样，他们就能在自己深思熟虑过的计划中加入必要的灵活性。对他们个人来说，这样做的好处是，他们可以更轻松地处理所有事情，因为做决定和完成工作的持续压力减轻了。令人兴奋的新机会将因此进入他们的视野，否则他们可能因为直奔目标而根本注意不到这些可能性。为了更加从容，规划部长需要记录他们的焦虑——每当发现自己有压力时，就退后一步问问自己："现在真的必须这样做吗？事情真的那么重要吗？”他们应该练习不断地把目光调成广角，这样他们就不会执迷于细节了，因为它们根本不值得给人们带来那么大的压力。

在人际关系方面，规划部长可以加强自己的同理心。他们的直率虽然会让人耳目一新，但他们有时太粗鲁了。为此，他们必须首先对自己更关爱、更慷慨一些。他们应该偶尔允许自己有悲伤、无助、恐惧之类的软弱感。如果规划部长能接纳自己的软弱，就能够更好地识别和包容他人的感受。规划部长总是忙得不可开交，但这往往是他们为了压抑自己。他们总想占上风，包括控制自己的感情世界。如果能允许自己偶尔软弱，他们就会发现根本没有那么多事情，而是恰恰相反。这种有益的体验很可能让他们变得更有人缘，而他们自己也可以更轻松地对待一些事情。

○ 个人使用说明 ○

- 请跟我出去！我喜欢社交和多姿多彩的活动。如果你不想一起去，就给我自由，让我独自赴约。我受不了宅在家里太久。
- 为了换换口味，提一点想法和建议吧。
- 请欣赏我为我们的关系注入的活力。
- 当你谈论你的感受时，请尽量不要夸大！还是客观一点，让我能够理解是什么感动了你。
- 要想说服我，请讲道理、摆事实！我无法理解纯粹情绪化的论据。

- 如果有什么事让你生气，请告诉我！我猜不出你心里在想什么。如果能知道你对我没有隐瞒，我会放心，并感觉很舒服。
- 请尊重我的秩序和我的习惯！如果把一切都搞得乱七八糟，我会很紧张。
- 请努力完成已经开始的工作，不要让它半途而废。混乱和未完成的事情会让我心烦！
- 请信守承诺，准时到场！如果不得不放弃我的计划，我会很恼火。我希望我们能彼此信赖！
- 当事情发展良好时，请不要不断提出新想法！我没必要仅仅为了求新而去尝试一切。
- 我是一个传统的人，请尊重那些对我们的关系有影响的传统。
- 当你计划某事时，请问问我的建议，并让我参与决策！这是我的长项！
- 请不要浪费我们的钱！我比较节俭，喜欢理性消费，请尊重这一点。
- 请欣赏我为我们的关系承担的责任以及我努力创造的安全感和稳定性。

ISFP：宽容部长[1]

I = 内向　S = 实感　F = 情感　P = 理解

宽容部长谦虚、讨人喜欢、喜爱享乐。正如他们的“头衔”所揭示的那样，他们善解人意、宽容大度，没有偏见，也不会对事情耿耿于怀。他们不喜欢成为人们关注的焦点，但低调、友好的他们很有存在感。他们对生活提供的感官享受非常开放，因此其陪伴会让人感到舒适。他们能够润物细无声地赋予日常生活某种光彩——即使只是普通的面包，他们也会创造出美味的三明治。

宽容部长是情感型，他们有明确的内心价值体系。这是他们评价身边一切事物的方向和标准，同时也是其行为和决策的依

1　与市面上常见的 MBTI 测试的结果中所译人格类型相对应，ISFP 常被译为“探险家”。

据。宽容部长力求时时刻刻都按照自己的内心价值生活。他们的价值观主要针对人际关系，他们致力于和谐、周到、谦逊、宽容地与人共处。他们的尊重和欣赏往往不仅是对人，还会延伸到所有生物乃至整个自然界。许多宽容部长特别讨儿童和动物的喜欢。

尽管宽容部长会按照内心的信念生活，但他们通常过于内向，不会主动宣扬这些信念，至少不会不请自来。如果自认为很熟悉他们的人发现，他们表面上的友好行为背后隐藏着根深蒂固的价值体系，这个人很可能会大吃一惊。

在宽容部长看到自己的信仰受到侵犯时，这些价值观就会浮出水面。有人则惊讶于，素来安静、内敛的宽容部长竟会突然如此强硬、如此有说服力。例如，当他们想让别人注意到不公正的现象时。除此之外，他们通常很喜欢和谐，而厌恶冲突。他们很难对亲近的人提出问题。

如果有人（不小心）伤害了他们，他们会默默忍受，很可能不再与之接触，而不是和他解释清楚。他人遭受的不幸、痛苦和命运的打击会深深地触动宽容部长，他们只是表现得云淡风轻，其实并非如此。

有时需要很长时间才能真正了解宽容部长，他们非常善于隐藏自己的内心感受和私密想法，并且非常有选择性地选择信任谁。这就是他们保护自己脆弱性的方式。

宽容部长好奇并具备良好的观察能力，他们很快就能看出某人需要（或缺少）什么。如果有可能，他们会提供帮助。他们往往觉得自己的责任重大，并把别人的问题看成自己的问题。宽容部长很难与人划清界限。某些人则会走向另一个极端：他们会极力与人保持距离。中庸之道对许多人来说很难。

宽容部长很宽容，他们的座右铭是："生活，也让别人生活！"一方面，宽容和欣赏是他们内心深处的基本信念；另一方面，他们以开放的态度体验世界，因此很少有按照自己的想法塑造他人的冲动。

宽容部长是实感型：他们不断搜集感官信息，善于感知细节。由于是情感型，他们会特别关心身边的人。同时，由于注重实际，他们首先会注意到身边人的具体需求，并乐于帮助他们满足需求。

宽容部长做事非常务实，他们通常天生操作能力强，有一种自然的创造力。他们喜欢用物质材料做东西，比如园艺、建筑、烹饪、手工、绘画、摄影、陶艺之类，他们中的许多人都有艺术天赋。他们更喜欢通过行动而不是言语来表达自己。他们喜欢遵从自己的第一反应和自发的灵感。做长期规划不太适合他们。他们可以完全沉浸在自己的事情里，而不考虑时间和体力，因此他们都能在自己感兴趣的领域走得很远。其他方面，宽容部长不是特别有野心，他们不会只为事业而把自己搞得精疲力竭。

在大多数情况下，宽容部长是很好的实际问题解决者：他们能敏锐地觉察到困难和形势的需求，而且只做必要的事情——这主要是因为他们几乎不受规则的束缚。他们解决问题的方法通常独树一帜。另外，他们不太适合处理理论上的事。大多数宽容部长不知道该拿理论怎么办，要掌握理论就更难了。但不能因此就对他们的智商妄加判断，最多只能推知，他们的才能是在解决实际问题的领域。

宽容部长非常感性，容易沉迷于白日梦。可他们依然活在当下，能根据正在发生或没有发生的事情安排生活。反过来，长期计划和持之以恒并不是他们的强项。有时开始做了很多、承诺了很多，最后却没有完成什么，他们就会生自己的气（他们身边的判断型就不会这样）。另外，正是爱享受、无忧无虑的随意态度让他们很迷人：顺其自然会让宽容部长有某种松弛的状态。

因为珍视自己的内在信念，所以他们很少看重容易让人印象深刻的外在形象。竞争意识对他们来说很陌生。因此，他们既不给自己，也不会给周围的人带来压力，和他们相处会感到舒适和放松。

○ 工作 ○

宽容部长会寻找符合自己内心深处信念的工作，至少不能与之相违。他们更喜欢具体的工作，而不太擅长纯理论或观念性的事务。常常能在职场上见到他们，因为他们极其友善，有强烈的同情心，有很高的帮助和照顾他人的热情。他们也经常从事手工业和创意性工作，因为许多宽容部长在这方面特别有才华。在他们看来，工作必须首先有意义，这比赚钱更重要。

他们喜欢独立工作，过于严格的规范和例行活动会让他们感到束缚，还会剥夺他们的自发性。因此，他们喜欢独立自主的工作，也能取得成功。由于内向，宽容部长不怎么依赖工作中的社交关系，但因为具备社交能力，所以只要有足够的个人自由，他们也可以在团队中发挥良好的作用。

宽容部长是非常忠诚、尽责的员工，尤其是当他们能够认同自己事业的价值时。由于他们友善、开放的天性，以及没有野心、不争强好胜，同事会很喜欢他们。

宽容部长对领导岗位几乎没有兴趣，他们的生活和工作理念使他们更接受没有等级的平等相处，而很少有行使权力和控制的需求。他们的领导风格显然是非指令性的。如果与别人的社会价值观相符，他们就会通过赞美和鼓励来激励别人，而不是权威和批评。由于开放和宽容，他们允许员工有个人的发展空间，因此只要被调动起积极性，工作中的每个人都能最大限度地发挥个人潜力。当被迫提供清晰的结构和工作安排，或必须行动时，宽容部长就会达到极限。

○ 爱和友谊 ○

由于性格内向，宽容部长不会很频繁或很快坠入爱河。然而，一旦点着火，他们就会完全沉浸在恋爱的感觉中。他们完全活在爱情的幸福时刻，几乎不去想未来可能出现的任何障碍或困难。对他们来说，爱意味着付出、真挚、忠诚、关怀、相互尊重和包容。他们在恋爱关系中也谨守自己独特的内心价值体系，甚至会特别严格——他们不仅对自己非常真诚，对伴侣也是如此。因为爱情、关系和相互支持对宽容部长非常重要，所以他们很快就会心甘情愿地投入恋爱关系中，而把自己的需求放在一边。这使他们非常脆弱，很容易受伤。由于这种倾向，他们中的一些人会产生某种对承诺的恐惧。因为害怕过度失去自我，他们会尽量避免浓烈的恋情，或者在浓情蜜意后，再次与伴侣拉开距离，让自己可以继续做“自己的事情”。觉得上述所说很准并想做一点改变的宽容部长，应该了解一下亲密关系恐惧的话题（因为它可以治愈）。

由于内向，宽容部长大多不是话多（爱说话）的人，他们更多地把喜爱表现在体贴、关心和细心的举止上。他们还喜欢送给伴侣大大小小的（通常非常有创意的）惊喜。

宽容部长同样也是非常忠诚、可靠的朋友，至少在情感层面上是这样。形式层面上，他们可能会出现临时爽约的情况，这是因为散漫的他们不是总能把事情都安排妥当，而且常常是一时兴起。就像在伴侣关系中一样，他们在友谊中也遵循自己强烈内化的社会价值体系。这表现在，他们大多维护着一个相当小，但非常亲密、稳定的朋友圈。

宽容部长可能在关系中承担着过多的责任，他们想与人和谐、彼此尊重且宽容地相处。如果做不到，他们就会怀疑自己的能力，并将其视为个人的失败，有时甚至会在与伴侣争吵、关系不和谐时自责。为了不惜一切代价避免出现这种情况，宽容部长往往不愿意卷入冲突，他们宁愿放弃自己的需求，也不想与对方发生意见分歧。然而，相比于直言不讳，这样做却会让他们无意中伤害伴侣关系，因为压抑和未说出口的愤怒会使他们退出关系。

○ 为人父母 ○

宽容部长是非常开明的父母，他们允许孩子有自由发展的空间。他们宽容并懂得欣赏。出于信念，他们拒绝专制的教育方法，而是依靠理解和解释。宽容部长型父母非常有爱心，而且对孩子的需求十分敏感。

宽容部长型父母的教育开明，很少控制孩子，有助于孩子不受限制地尝试和发展所有的爱好和天赋。然而，有时孩子会因为缺乏必要的外部约束，得不到稳定的支持，以致特殊才能被闲置，或欠缺的领域没有得到足够的激励。如果孩子对外部约束的渴望得不到积极支持，他们可能会感到被宽容部长型父母忽视和误解。如果宽容部长型父母能把这一点做得更好，那么他们与孩子的关系就会更和谐、稳固。

○ 问题与发展机遇 ○

宽容部长的最大优点是，他们有开放、宽容和开明的态度，这同时也是他们最大的弱点：因为他们对所有事情基本都持开放态度，而且他们非常善良和乐于助人，所以很容易被欺骗和利用。做出理性而有批判性的决定是宽容部长最不擅长的，因此这方面需要特别注意和练习。这意味着他们需要找到一种重要的平衡：懂得欣赏但不妄加批判，同情但不感情用事。宽容部长应该练习在自己与人和事物之间拉开一点批判的距离。尽管他们的情感导向决策往往是正确的，但如果他们能够理性地审视这些决定，就可以避免对某些事情失望。另外，宽容部长往往对自己过于严格和挑剔。潜在的对失败的恐惧困扰着他们，这使他们常常放慢自己的速度。不少宽容部长宁愿做一些低于自己能力的事，也不愿去冒险，因为他们高估了失败的代价。如果能幽默地看待自己的命运，可能会对他们有所帮助：就算没达到自己的要求，又能对全球大事有什么影响呢?

宽容部长的另一个问题是他们对冲突有根深蒂固的厌恶，他们想逃避问题，而且经常这样做。为了让爱情或友谊尽可能和谐、无冲突地发展，他们常常舍弃自己的愿望和需要。但这样做不仅会伤害自己，最终也会伤害关系，因为问题并没有解决，只是被掩盖了。这会导致他们对对方的感情变冷，甚至失望地断绝联系。从长远来看，逃避冲突对二者的关系来讲弊大于利。如果能意识到这一点，会对他们很有帮助。这种认知可以让他们鼓起勇气多说敞亮话，并多满足自己的愿望。此外，如果对方能了解他们的想法，并有道歉的可能性，就更公平了。但是，如果宽容部长断绝联系或把自己封闭起来，对方就没有机会了。如果宽容部长努力做到多说些心里话，可能就会发现，对方对此的反应会比他们预期的积极得多。

宽容部长的另一个长处也有其缺点：他们总是享受当下。由于是理解型，许多宽容部长不太愿意设定长期目标并坚持不懈地遵守计划，他们更喜欢走阻力小的路，而且没什么雄心或耐力。这虽然让他们有或多或少偶然的小快乐和小安逸，但在实现更大的愿望时，他们几乎无法把握命运。遵循稳定的日常规律列出待办事项并确定其优先级，或许会对他们有所帮助。如果有让宽容部长分心的事，他们应该停下来问问自己："现在真的必须这样吗？"还会有帮助的是，在心里想象一下，如果完成了打算做的事情，他们会感觉有多好。或者，如果（再次）拖延任务，他们会感觉有多糟糕。也就是说，他们应该把思考和感受集中在已完成或未完成的事情上，有意识地预测后果。因为宽容部长是用一件事挤掉另一件事的大师，这也是他们有拖延症的原因所在。然而，如果拖得太过分，任务堆积如山，是否还能应付越来越成问题，那么他们可能会抑郁地隐退——暴饮暴食或饮酒过量，许多宽容部长都有这种危险。由于喜欢享受，宽容部长很容易上瘾。由于性格内向，他们几乎不需要人际交往。这种组合使他们中的某些人有“堕落”的风险。预防这种倾向的最佳方法是，确保有规律的活动和定期约会，这样就不会脱轨、失控。

○ 个人使用说明 ○

- 请接受我内心的信念和社会价值观，最好能够分享，并与我一起践行。它们对我非常重要！
- 请慎重批评！我受不了争吵，因为我很快就会觉得自己要对此负责任，而且我会感觉自己失败了。如果在批评之外，你还告诉我你喜欢我什么，我会更轻松。
- 请不要把太多的规则和计划强加于我！我更喜欢随性而为，而且总是用新方法决定我想如何做某事，这样让我有更多的乐趣。
- 请欣赏我为我们的关系带来的诸多乐趣和感性的享受。
- 请不要指望我提前计划！随遇而安，一起享受当下会更好。明天总会来的，不必总是计划和筹谋。
- 如果我的工作和生活环境有时有点凌乱和不整洁，请包涵！
- 请允许我有足够的自己的时间！有时候，我只是一个人天马行空地想点事情或者鼓捣点东西，就会让我感觉很好。之后，我会再次全心全意地陪着你。
- 请不要指望我陪你去参加所有的邀请。有时心情好，我会愿意和你一起去。但有时这些聚会只会让我觉得很累，我更想宅在家里。

请接受这一点！而且，我不介意你一个人去。

- 如果我很难说出自己的想法和感受，请不要对我不耐烦！有时，我只是需要更长的准备时间。如果你仍然会听我说，我将不胜感激。

ESFP：愉悦部长[1]

E = 外向　S = 实感　F = 情感　P = 理解

愉悦部长坦率、随性而热情，他们对生活中令人愉快的事物非常容易接受，爱享乐并十分善于交际。他们活在此时此地，务实，脚踏实地，无忧无虑。他们对可能会怎样没什么兴趣，而是更关注当下。他们当然不是长期规划安排的大师，他们只有在危急情况下才能表现出良好的组织才能，因为那时他们才能即兴发挥。事实上，他们也总能“安全着陆”，大多数时候甚至稀里糊涂就成功了。

愉悦部长的“感官触角”永久是对外接收状态：他们能非常准确地看到、听到、闻到、尝到和感觉到周围发生的事情。由于

1　与市面上常见的 MBTI 测试的结果中所译人格类型相对应，ESFP 常被译为“表演者”。

外向，他们需要很多刺激，尤其是与人相处的兴奋，但也包括来自环境的种种感官印象。愉悦部长是懂得欣赏美食、美酒的感性之人，与好伙伴一起享受这些对他们来说是纯粹的放松。由于对变化和娱乐来者不拒，他们不是特别自律，所以往往会拖延不愿去做的任务。他们是能在最后一刻完成事情的大师。不管用什么方式，反正最后通常都能成功，所以他们感受不到什么心理压力，也不会改变他们的认知体系。然而，他们中有些人对自己并不满意，因为他们认为自己应该更有目的性和纪律性。他们会暗中心虚，认为自己的放任迟早会等来“报应”。

愉悦部长未必天生就能成就事业，但他们一点都不懒惰，对体验的渴望驱使他们去做事。他们中的大多数人还会培养好几个爱好。只不过，他们积极性的发动机不是责任，而是乐趣。如果事业有成，那是因为他们出于热情而行动。如果有一份几乎是使命的工作，他们会走得很远。这不是出于固执的野心或责任感，而是因为工作好玩或者让他们感兴趣。

愉悦部长是实用主义者和现实主义者，他们对理论思维无能为力。对他们来说，重要的是事物或想法具体、实际的使用。解决问题时，他们非常注重行动：检查所有有利和不利的条件，然后就开干。他们必须行动起来，并一一试验解决方案。事前冥思苦想解决方案是否可行以及如何实施，不会让他们取得任何进展。

愉悦部长希望尽情地享受生活，他们以开放的心态、好奇心和公正的态度对待一切新事物。他们希望自由自在地生活。如果可能的话，尽量减少外部压力对他们多样性渴望的限制。他们不喜欢给自己设限。一些愉悦部长倾向于忽略自己行为的后果，而在感官享乐和消遣中迷失自我。

如果能帮上忙，愉悦部长会乐于助人并慷慨解囊，尤其是提供有形的、实际的支持和具体建议。

愉悦部长对生活照单全收，也能接受周围人原本的样子，他们几乎没有改变和塑造他人的冲动。他们灵活、宽容、适应力强，而且无论年龄和社会地位如何，几乎能与所有人合得来。他们自己的生活需要自由，也允许他人享有同样的自由。即使对方临时更改计划或临时爽约，他们也不会轻易生气。他们甚至会认为这很公平，因为下一次他们也有了临时失约的自由。无论如何，这总比没有任何变通的余地要好。

愉悦部长对人感兴趣，自己也能吸引别人。独处时，他们很容易觉得无聊，他们需要与他人分享自己的经历。人们喜欢和愉悦部长在一起，因为他们的无所谓和生命力很有感染力。愉悦部长相信生活就是要过的，不必（太）认真。由于他们具有灵活性和适应力，因此他们的确很会在困境中看到积极的方面。他们认为，即使不成功，至少也有了新的体验。

○ 工作 ○

愉悦部长是彻头彻尾的实用主义者，抽象的理论对他们没什么用。如果能够体验或尝试，他们就会学得很轻松。当然，只有能指导实践的理论才会让他们感兴趣。因为非常专注于当下，所以他们不是很有野心。大多数时候，他们认为没必要为一个抽象的目标（如职业上的成就）牺牲享乐。很少有愉悦部长会被学术研究所吸引。这不仅是因为他们讨厌内容上太多的理论，也因为他们通常缺乏必要的纪律来持续和自主地学习。

愉悦部长喜欢在活跃、注重行动、和谐的环境中工作，同事间友好的交往对他们来说同样重要，甚至比工作内容更重要。他们喜欢与人有很大关系的工作，这不仅满足了他们外向的社交需求，而且保证了最大的多样性。以客户的具体需求为中心的服务行业会让愉悦部长感觉良好，他们中的很多人因其讨人喜欢的天性、热情和很强的说服力在销售方面非常成功。反过来，必须独自完成并处于社会孤立状态的工作对他们来说很可怕。在这样的工作条件下，他们会失去活力，而且坚持不了多久。

愉悦部长是优秀的团队合作者，因为他们的社交能力极其出色。他们很受同事和上司的欢迎，因为他们总是心情愉悦，所以能营造一种轻松的工作氛围。然而，愉悦部长也可能会因为人情世故妨碍自己和他人的工作。

愉悦部长在需要快速行动和警觉性的工作中表现最佳，他们是出色的危机管理者。在危急情况下，他们的务实思想和行动意愿会充分发挥作用。那种在给员工下达指令的同时打着两个电话，而且看起来仍然感觉良好的经理，就很符合这种类型。

虽然愉悦部长普遍没有野心，但他们仍然能做得出类拔萃，尤其是那些让他们着迷的事情。在这种情况下，他们做事时可能会毫无节制。愉悦部长过度投入的倾向可以表现在任何活动中，无论是工作、运动、手艺爱好，还是演奏乐器。此时，他们无意于实现特定的外部目标，如职业晋升。不，他们因为喜爱而做，因为这样的活动迷住了他们。之后出现的只是副产品，而不是他们行动的动机。

如果愉悦部长担任管理职务，他们的管理风格就是合作式的，他们允许员工尽可能自由地做出决定。他们擅长调动员工的积极性，因为他们对员工的需求很敏感。让人有好感的伙伴精神也使他们促成了良好的合作，每个员工都会因此产生责任感，从而高效地完成他们的工作。总体而言，愉悦部长倾向于注重领导关系，而非任务。这意味着他们想先确保良好而和谐的工作氛围，他们认为这是高效合作的先决条件。

如果是公司的普通员工，愉悦部长有时会不太好过，因为他们不是特别愿意接受和服从权威。这与他们对自由和独立的需求有关，也是因为他们不愿压抑自发的冲动，尤其是当他们看不到立竿见影的好处时。许多愉悦部长喜欢且擅长从事有自主性的工作，一方面，给自己当老板就能拥有想要的一切自由；另一方面，谋生的外部经济压力给了他们必要的工作纪律。

○ 爱和友谊 ○

朋友对于愉悦部长来说必不可少，他们对多姿多彩的生活的强烈需求也反映在他们的交友选择上，他们的朋友圈和熟人圈通常很庞大，且形形色色。

愉悦部长是真挚而忠诚的朋友，关键时可以依靠。但是,(准时）守约之类的事情，愉悦部长就不那么靠谱了。他们经常临时改计划，但这不应该被理解为他们不在乎这个人或这份友谊。愉悦部长做事冲动是很正常的，反过来，他们也允许朋友有同样的自由。

愉悦部长喜欢迅速而轰轰烈烈地坠入爱河。他们沉浸在恋爱的感觉里，尽情享受每时每刻。对他们来说，爱就是“享受”对方。他们非常有创意，会滔滔不绝地向伴侣表白，并给予伴侣足够的关注。他们非常有想象力，总能为两个人的共处创造出新的、独特的时刻。在爱情里，愉悦部长也是懂生活的人，他们想给关系带来魔力和特殊的气息。但不利的一面往往是，他们不愿意忍受不愉快的时刻。在二者关系的长久性方面，他们可没有什么战斗力。他们的适应力会很快诱使他们推卸责任，转向更愉快的事情，而不是处理冲突。

然而，如果认为自己找到了合适的人，他们就是非常可靠的生活伴侣，会与伴侣风雨同舟。即使关系结束，愉悦部长往往也非常尊重他们的前任。在这方面，他们多数时候做得很好，因为分手后他们可以很快地走出来。同样重要的是，他们庞大的朋友圈提供了牢靠的社交网络，能让他们分散注意力，更利于他们走出分手的阴影。

○ 为人父母 ○

愉悦部长是热心、关怀和支持孩子的父母。因为有时他们自己也是孩子，所以能很好地理解孩子的需要。他们把孩子的生活打造得丰富多彩——在愉悦部长型父母身边总是很充实，孩子在成长过程中会有许许多多印象深刻的经历。这会教会孩子开放、宽容和灵活。愉悦部长并不是特别专制，他们给孩子很多自由发展的空间。

然而不利的是，即使作为父母，愉悦部长也往往有点混乱。他们出于好意计划的美好活动往往以失败告终或变成了孩子的压力，因为不得不在最后一刻临时凑合而陷入压力。孩子的失望是可以理解的，如果这种情况发生的次数多了，他们就会开始怀疑自己是否真的可以依靠父母。此外，愉悦部长型父母往往有些前后矛盾和虎头蛇尾，因为他们随性、冲动，很少有长远打算。然而，大多数愉悦部长都能意识到这些弱点，并会努力避免自己的孩子重蹈覆辙。

○ 问题与发展机遇 ○

愉悦部长是活在当下的大师，他们随心所欲、灵活多变、自得其乐。然而，他们对生活的热情也可能成为一种负担。随性享乐的缺点是，当事情变得令人厌倦、沮丧或无聊时，他们不愿意约束自己并咬紧牙关。愉悦部长不喜欢为了达到一个也许很遥远的目标而折磨自己。

专注于未来和可能性的抽象感知是他们并不具备的能力。愉悦部长不关心将来可能发生的事，尤其是当这件事不能让此时此地的他们开心时。他们太过于活在当下了，与眼前的快乐相比，长期计划和目标很容易显得“苍白无力”。因此，愉悦部长可能非常不稳定、善变且前后矛盾。他们做很多事情都是一时兴起，但如果一件事需要乏味的自律时，他们就很少能做到底。对于大多数愉悦部长来说，稍微训练一下自己对挫折的容忍度、练习延迟满足需求，并没有坏处。他们应该多强迫自己考虑行为的长期后果，如果未来的目标明确，他们也就能更好地激励自己忍受暂时的枯燥。

愉悦部长的人格画像中还潜藏着另外两个陷阱，它们有时会使其难以自律并保持专注。一方面是因为他们很外向——愉悦部长喜欢社交性的消遣，这对他们来说通常比处理烦人的（但通常是必要的）工作更重要（也更愉快）。结果，工作往往被停滞下来，越堆越多，最后总会让他们更不想做。到终了不能再拖延时，愉悦部长就会承受巨大的压力。并且，由于沮丧或时间不够，他们只能让积压的工作潦草收场。另一方面，愉悦部长或多或少都有明显的理解因子，这意味着他们的感知始终在接收状态，以免错过任何东西。这使他们非常警觉和兴奋，但也很容易分心。

他们很难做出决定，因为这需要在一件事情上确定下来，故而他们不可避免地总会错过什么。在某些情况下，他们的忙碌往往导致收获很少。虎头蛇尾，所以获得不了什么能力。这让他们自己也很不满意。真正重要的是，他们要学会在这个漫长的阶段坚持下来，因为每种知识和技能的获取都需要这个阶段。“干旱期”后通常会有一个快乐的阶段接踵而来，这时还会再向前迈一大步，知道这一点也许会对他们有帮助。为了更好地激励自己，他们应该想一想未来，如果再一次半途而废会是什么体验，而坚持下去又会有多么好的感觉。

愉悦部长经常很忙碌，因为他们什么都想体验，这种渴望让他们压力很大。别人如果想跟上愉悦部长的步伐，也会如此。如果能设法把更多的判断带入生活，更多地参与计划、日程安排和有强制力的约会，许多愉悦部长就可以生活得更轻松（因此也更愉快），哪怕这有违他们的意愿。还可能让他们产生对他们有帮助的心态——即使生活安静一些，仍然是可以享受的。

愉悦部长对周围的人非常上心。在为关系投入的时间、情感和物质支持方面，他们大多慷慨，有时甚至是浪费。然而，他们会有被人利用的风险。他们的情感让他们为和谐而努力，但可能导致他们太容易对关系中的问题视而不见，因此会一再失望。他们也可能（无意中）冒犯别人：非常外向的愉悦部长往往很冲动，所以他们会不假思索地快速说或做某事。之后，当事情平静下来时，他们回想起自己的行为就会感到抱歉。由于和谐共处对他们很重要，他们会非常重视道歉，以消除误会或怨气。通常没有人会长期生他们的气，因为他们在其他方面非常可爱。

与他们有时会得罪人的口无遮拦相反，在与亲近的人澄清问题时，他们更害怕发生冲突。他们喜欢回避，根本就不愿意讨论问题。愉悦部长有某种害怕负责的倾向，这可能会影响他们的人际关系，也会让某些愉悦部长逃避亲密的浪漫关系，或在热恋期过后就结束关系。有以上经历的愉悦部长应该关注“内部和外部边界”的问题：因为他们真的想做好一切事情，所以不太会照顾自己的需要和欲望，这会让他们感觉没有伴侣的时候才最自由。坚持自我和适应与他人之间的良好平衡是成功关系的先决条件，以“自我价值”和“害怕承诺”为主题的咨询可以帮他们提高自己处理冲突的能力，从而让他们在关系中更加游刃有余。

○ 个人使用说明 ○

- 让我生活和享受！请不要过多地限制我的自由和各种兴趣！鼓励我追求自己的爱好，最好是：加入我！

- 如果我又有了一个“疯狂”的想法，请不要过于悲观和挑剔。即使你不想参与其中，也请不要破坏我的兴致！
- 欣赏我给我们生活带来的多样性。
- 你要给我惊喜！我喜欢突发、多变和刺激。
- 你也应该试着冲动一点，时不时地扔掉你的计划吧！
- 和我一起冒险吧！如果你不想或不能参加我众多的社交活动，请不要让我自责，让我出去逍遥吧。
- 请不要用理论或抽象的论文来折磨我。我感兴趣的是，它有什么用、怎么用。
- 请听我说，分享我的想法和感受。我需要倾诉，最擅长通过说话来思考。请不要厌烦。
- 也谈谈你的感受吧。我想知道你在想什么。
- 如果我的工作和生活环境又有点乱或不整洁，请不要怪我。在关键的事情上，你可以信赖我。相信我！
- 请不要用过于僵化的结构和固定的承诺强迫我。如果必须过早地定下来或承诺太多，我会感到不舒服。
- 虽然我爱开玩笑，但请认真地对待我，我也有笑不出来的严肃的时刻。

ESTP：危机部长[1]

E＝外向　S＝实感　T＝理智　P＝理解

危机部长过着快节奏的生活，对生活的热情使他们对（几乎）所有新体验持开放态度。他们追求新体验，喜欢感官上的享乐，愿意冒险。“Living on the fast lane”——“生活在快车道上”，这句话是为他们量身定做的。他们在某种程度上有意识地选择危险的情况，他们喜欢刺激，受不了停滞和无聊。这也很少发生在他们身上，还未等生活变得太安静，他们就本能地激起了下一波浪潮。

危机部长是极致的观察者，他们的感官永远在接收状态，他们不费吹灰之力就能捕捉到周围的所有细节。他们反应也很快：

1　与市面上常见的 MBTI 测试的结果中所译人格类型相对应，ESTP 常被译为“企业家”。

时刻保持警惕，随时准备采取行动。他们不同寻常的观察力是出于某种不信任和对控制的需要，但主要是由于他们对新体验的热切渴望。他们在细节和事实方面的记忆力极其出色，他们既享受也需要在其中存储大量的信息。他们对周围和世界上发生的一切事情都感兴趣，实践经验知识是引导他们在生活中乘风破浪的内部导航系统。

危机部长总能使事情运转起来——他们是行动的大师，他们也知道如何说服别人并拉他们入伙。因此，他们非常适合启动和推动项目，但他们不擅长实施阶段所需的烦琐的细节工作。这也是尽管他们喜欢自主做事，却总是不成功的原因。他们将不得不强迫自己完成细节和例行的事务，或者将其委托给有能力的员工。

危机部长是把握当下的大师：他们会品味每个时刻所提供的一切。对于自己行为的长期后果，只有遇到事情时，危机部长才会考虑。从他们的角度来看，事发之前绞尽脑汁纯属浪费时间，因为这样会错过当下。他们知道如何好好生活，通常喜欢美食、美酒，以及所有能取悦感官的东西。哪里有事情发生，哪里就有危机部长。他们被人所吸引，自己也能吸引别人，因为他们可以非常有趣：只要他们出现在派对上，气氛就会活跃起来。他们喜欢说话并表明立场，他们表达意见时清楚、明确，不拖泥带水，不拐弯抹角。这种习惯既有趣又让人紧张。当涉及周围人的感受时，危机部长并不怎么敏感。他们本身就心大，说话的时候也毫不客气。这是与他们打交道必须忍受的“副作用”之一。然而，许多人不在乎这一点，因为危机部长浑身散发着机智、魅力和生命的喜乐。甚至可以说，他们的率真就是某种吸引人的魅力。危机部长特立独行，他们需要自由，就像需要用来呼吸的空气。他们非常固执，讨厌任何形式的束缚或牵制。他们与上级和权威的关系微妙。其实，没有人挡在面前时，他们才能发展得最好。正因如此，他们中的许多人后来都自己单干了。

他们很少有陷入感情泥潭的风险，相反，他们总是持有批判的态度：他们会审视所有与情况相关的事实，然后去做当下必须做而且最能获益的事。他们不喜欢长时间思考和推测，他们想要行动，试探是否有效。如果出现问题，他们可以随时改变策略。不断让自己置身于极端处境的危机部长，正是以这样的冷静态度筹谋和计算，享受神经刺激的快感，而不论策略。他们在生活的各种领域都可能体现出这一点。一些危机部长从事极限运动，另一些则在职业上，在深渊的边缘反复试探，冒着赢得一切或失去一切的风险进行投机。即使真的失去了一切，也不会是灾难：危机部长是生活艺术家和不倒翁——不哀悼过去，而是转向新的挑战，这就是危机部长。

○ 工作 ○

危机部长通常不会非常精确地规划他们的职业生涯，但他们常常能抓住适时出现的机会。他们的工作必须满足的最重要的标准是：多样性、有挑战性和乐趣！如果确切地知道每天会发生什么，而且可以确保一切顺利进行，危机部长很快就会感到无聊。危机部长讨厌那些能给他人带来舒适的安全感和控制感的东西。

危机部长最愿意做像消防员之类的工作，不仅是字面上的，而且在比喻意义上：在压力下工作，当被迫随机应变、务实且尽可能高效地做出反应时，他们的小宇宙才能爆发。

他们的类型配置就是为此而准备的：他们可以非常快速和准确地感知情况，用冷静的头脑计算行动的必要性，并务实、有目的、理性地落实行动。此外，他们足够灵活，能随机应变地不断调整和优化策略。如果他们在这些情况下也能自由发挥，并能与最好是志同道合的人一起工作，那么可以肯定的是，无论情况多么混乱，危机部长都能从中获得最大收益。他们往往很自信，在遇到问题时，他们会依靠自己的理智和实践技能解决问题。危机部长当然不需要每天都有大风大浪，但他们毫不介意冒险和一点神经刺激。

危机部长会出现在所有能产出可见工作成果的职场，他们通常手巧且技术娴熟，这要归功于他们精准的观察力。不少危机部长的职业生涯非常多样化，他们从事许多不同的活动，最终出来单干，成为自己的老板，并且最大限度地独立自主。他们要避开那些主要需要理论、抽象思维和不怎么实用的工作。

作为老板，危机部长务实且宽容。他们给员工尽可能多的行动自由，因为他们知道条条大路通罗马。但前提是，员工的工作要完成得让他们满意。他们清楚无误地向员工传达他们的目标和打算，而不会没完没了地商讨各种可能性的利弊。如果有疑问，用不着讨论上几个小时，实际试一试就知道了。他们希望尽可能高效、务实地解决手头的任务。当面临危急情况时，他们希望自己的命令能够迅速且毫无异议地得到执行。如果不是这样，他们很可能会恼羞成怒。

○ 爱和友谊 ○

危机部长可以迅速且频繁地坠入爱河。对他们来说，征服伴侣是一种挑战，他们总是喜欢另辟蹊径地应对。不论在怎样的热恋中，危机部长总是保留着一些理性，他们会考虑两个人之间是否有足够多的共同点来建立长期关系。

在危机部长看来，只有自由与依赖的正确组合才能让爱情和亲密关系正常“运转”。危机部长需要他们的独立性和自由空间，或多或少能做自己想做的事。他们厌恶汇报和解释，尤其是男性危机部长总是倾向于持有某种不妥协的态度，因此他们的伴侣必须有良好的配合意愿。然而，危机部长也会给伴侣很多自由。对于危机部长来说，亲密关系也意味着友谊。危机部长想要一个能结伴“闯祸”的伴侣，像他们一样喜欢刺激并愿意和他们一起冒险。他们想和伴侣交谈、大笑、享受、玩得开心。他们对口头层面的深入争论不太感兴趣，他们更喜欢通过行动而不是言语来体验这种关系。

一些危机部长害怕承诺。稳定的关系会让他们感到拘束和压力，这与他们对自由的高度需求和不良的童年印象有关。畏惧稳定关系的危机部长小时候不得不过多地迎合父母的期望，因此成年后，任何期待带来的压力都会让他们心存忌惮。稳定的关系意味着会有所束缚，因此他们会很快感到束缚并想挣脱：要么分手，要么反复在片刻的亲密之后抽身而出。有以上情况的危机部长，如果想做出改变，就应该认真地对待依恋焦虑的问题。

危机部长的熟人圈子通常很大，真正交心的朋友却很少。危机部长认为自己发挥非常稳定，而且在关键问题上也是可靠的——的确如此。然而，在准时赴约之类的事情上，他们未必靠谱。但是，当出现紧急情况时，危机部长会出手相助。他们期望伴侣和朋友也能如此。如果不得不仔细斟酌每个字以免吓到对方，危机部长就会感到很累。他们期望自己的伴侣关系像友谊一样经得起争吵和辩论。有时，为了让关系多一点刺激和兴奋，他们甚至会挑起争吵。他们自己不太会耿耿于怀，很快就愿意和解。

在表达爱意时，危机部长不是夸夸其谈的人。在这种情况下，他们也更喜欢采取行动：他们会用关注和礼物给对方惊喜，而且会非常慷慨。

○ 为人父母 ○

伴侣和孩子对于危机部长来说通常非常重要，因为亲密无间的信任能给他们充电。他们的孩子永远不会感到无聊，他们能毫不费力地做到这一点，因为他们总能尝试做一些有趣的事情。他们喜欢和孩子一起尽情嬉戏。

他们对孩子的期望通常非常现实，很少要求孩子发展出特殊的才能或拥有特别成功的事业。他们的主张是，孩子应该用好一生的时间，做一些让自己开心、有意义、实用的事情。危机部长给孩子很多自由发展的空间，但他们有时在管教方面会相当严格，因为他们不喜欢冗长的讨论，希望孩子服从他们的命令。然而，危机部长的孩子总是知道如何与父母相处，以及父母对自己的期望，特别是男性危机部长有时可能对孩子更温和、更体贴。

○ 问题与发展机遇 ○

危机部长活在当下，他们想用所有的感官感知并充分品味每一个时刻。他们如此专注于当下的感官体验，可能会因此妨碍批判性的判断力，而只去做他们想做的事。这是危机部长的天赋，但也可能导致他们无视他人及自己的界限，而事后后悔。危机部长通常是能够保持理智的，在这种情况下，他们也应该注意这一点。

危机部长在承受压力时会爆发小宇宙，他们也因此会反复将自己置于极端情况之中。这挑战了他们即兴发挥的才能，掌握局势之后，他们会为此而自豪。刺激越大，他们就越兴奋。然而，此时他们忽略了，同一条船上的其他人大多没有那么“强壮”的神经，他们想更有安全感和提前做好计划。危机部长有时很难客观地评估自己的能力，他们认为自己能做的往往多于真正能胜任的。此外，他们不愿意抠细则。因此，虽然他们对现实有很好的感知力，却可能无法实现想法。如果计算成功过很多次，他们就可能会越来越冒险，以至于最后再也无法控制事态的发展。对他们个人而言，失败通常不是什么大灾难，但这往往会影响其他无法那么快振作起来的人。这样一来，危机部长就获得了不可靠的名声。在这方面可能会有所帮助的是，把他人纳入自己的考量。最重要的是，认真对待他人的看法。这可能与许多危机部长的风格背道而驰，从长远来看却能确保他们获得更稳定的成功。当项目结果会影响其他人时，这一点尤为重要。

因为喜欢刺激、不想错过任何东西，所以危机部长经常过着忙忙碌碌的生活。他们会尽可能同时做很多事情，有时从一件事冲到另一件事——就像消防员试图扑灭主要火源一样，所以再没有其他时间了。然而，他们却因此错过了自己真正的目标——无法体验和享受每一个当下。此时，他们就应该权衡一下，难道不值得稍微多做一点计划和安排吗？那样生活会更平淡（也更乏味），但也明显会更轻松、更安逸。尽管危机部长不太情愿，但制作每日和每周的时间表会对他们有很大帮助。这使他们能够调整自己冲动的行动意愿，并且有时间把重要和不重要的事情区分开来。他们这样忙忙碌碌不仅会给自己带来压力，也会给周围的人带来压力。

危机部长的坦率和直接令人耳目一新，这可能非常有趣，如果事不关己，就更是如此了。在遇到困扰自己的事情时，危机部长大多不会三思而后行，而是通过直接提出意见和批评进行补救。起初，他们想不到这样会伤害别人，因为他们自己的心很大。然而，如果他们有时能够稍微管一管自己的口无遮拦，更得体地包装一下他们的批评，不仅会让别人感觉好一些，对他们自己也有好处。只要他们能训练一下自己的同理心，这就不是什么难事。为此，他们必须允许自己多一点“软弱”的感觉和脆弱性。因为他们很少承认弱点，即使失败也要欣然接受，所以他们太过压抑自己脆弱的一面。结果，他们不仅严格要求自己，对别人也十分苛刻。最好是能给悲伤、无助或恐惧等较弱的感觉多一点空间，而不是一味地掩盖它们。这会让他们柔软一点，从而让他们与别人的关系更加融洽。

○ 个人使用说明 ○

- 请让我有自己的空间！我需要一定的独立性以及时间和闲心来做我的事情。我也很乐意和你分享，但我想自己决定何时分享、分享什么。相信我！

- 请不要强迫我接受太多的约会和承诺！请不要指望我承诺得太早！你越逼我，我就越固执。
- 不要因为我把东西弄得乱七八糟而生气，关键是我能掌握局面。你也别那么吹毛求疵。
- 请随性一些！和我一起享受当下！有些事情就别管了，接受我心血来潮的一些想法。或者，更好是，冲动地冒点险，让我惊喜吧。
- 请不要立即否定我的所有新想法。先听完，或者和我一起试一试。请记住，条条大路通罗马。
- 出去和我见见人！我需要这些社交活动，就像我需要呼吸的空气一样。你最好能在我身边！如果你不喜欢，别因为我一个人去而生气。
- 欣赏我为我们的生活带来的所有魔力、刺激和乐趣。
- 不要回避争论！如果有什么事情困扰你，直接说出来。我不会被任何事情轻易打倒，也不会记恨任何人。
- 说说你自己！我想知道你生活中发生了什么，想与你分享、分担。
- 请不要因为我的批评而满腹委屈，我只是不那么善解人意，但绝无恶意。我只是想指出错误，想这样来帮你。

ISTP：自由部长[1]

I= 内向　S= 实感　T= 理智　P= 理解

自由部长是理智的人，不会被任何事情轻易击倒。正如他们的“头衔”所暗示的那样，他们热爱个人的独立性。他们对束缚几乎有过敏反应，对家长式作风更甚。自由部长喜欢做“自己的事”，他们只在不得已时才接受干涉，而且非常不情愿。自由部长喜欢以他们想要的方式、在他们想要的时间做他们想做的事。然而，由于性格内向，他们不会让自己的所作所为过于张扬。如果他们感到自己受限太多，就会消极对抗，而不会试图公开争辩。

自由部长喜欢随心所欲，更喜欢能挑战自己逻辑和实践技能

1　与市面上常见的 MBTI 测试的结果中所译人格类型相对应，ISTP 常被译为“鉴赏家”。

的活动。他们以尽可能少的努力完成所做的事情。像所有实感理解型一样，他们是“实干家”，而不是理论家。对于等级制度、法律和规则，除非他们认同，否则就会打心底里厌恶。自由部长必须遵循自己的想法，他们对多余的指令几乎有过敏反应。但他们不会积极对抗，只是忽略它们。

工具对自由部长的男性代表（以及大多数女性）有近乎魔法般的吸引力，这与他们求实效的高要求有关：工具是行动的延伸杠杆，而自由部长热爱行动。他们是使用工具和机器的高手，无论是手术刀、电钻还是飞机，他们都能非常熟练、精确地使用，以致炉火纯青。相反，长时间的谈话，无论是理论性的还是私人的，都不适合他们。

他们做决定时的实用主义是最有特点的。他们在自己的领域拥有非常丰富的事实知识，这构成了他们决策的基础。由于不太容易被感情淹没，他们（几乎）总是与一切保持一定的理性距离，这使他们能够客观地分析情况。他们已经在心里建构出一套复杂的逻辑原则系统，并会用不断更新的事实扩展它。逻辑原则和他们的事实知识是他们决策和行动的基础。遇到问题时，他们会先退后一步，理性地分析局势。然后，再根据对预期利弊的清醒评估做出决定。他人很难看透自由部长的逻辑世界，因为他们几乎从不谈论它。

尽管他们总是不太整洁，日程安排也往往有些混乱，他们内心的事实逻辑系统却井井有条。这意味着，他们心里的计划往往比人们认为的要多。事实和经验知识会为他们的一生保驾护航。

因为他们通常头脑冷静，所以特别擅长应对危机。因此，需要快速决策和行动的工作对他们特别有吸引力。实际上，只有当他们基于“自由和正义”价值观受到侵犯时，他们才会真正情绪失控。因为他们很难被激怒，所以在这种情况下，他们强烈的情绪爆发会让身边的人大吃一惊。

自由部长擅长解决实际问题，尤其是技术问题。在人际交往中，他们反而会显得有点粗鲁，因为他们常常不敏感，无法感知身边人（在他们看来）不合逻辑的、纯粹的情感波动。当他人因他们客观的批评而感到委屈时，他们常常感到惊讶。当然，只要不过于情绪化，即从他们的角度来看没有太“不理性”，他们还是随和、友好的。然而，对别人有同理心并不是他们的强项，也通常不是他们看重的东西。

自由部长的另一个特征是他们的感官知觉敏感。他们（无意识地）不断在外部环境中寻找新的事实，然后将其纳入他们的逻辑系统。他们非常批判地看待事物并能很快意识到矛盾，即使它们隐藏在很小的细节中。

自由部长可以在他们感兴趣的领域成为杰出的专家和人形参考书。这得益于他们对细节的良好感知和把所有搜集到的事实有逻辑且连贯地存入记忆的能力。虽然外表上看他们可能有些混乱，但他们的内部结构——他们的逻辑和事实知识——组织得非常好。

自由部长是实用主义者，他们顺其自然，不愿意定下来，而是更喜欢随机应变，因为这样就可以在最长的时间内对所有可能性保持开放。内向的天性使自由部长外表看起来比内心平静。他们做事的冲动会促使他们采取行动，而不是进行冗长的讨论。他们是随心所欲的人，只要有可能，他们就会放纵自己的情绪，做他们想做的事。他们也喜欢冒险——很喜欢来一点点刺激。他们精力充沛，喜欢挑战命运，赌一赌运气。他们需要日常兴奋——最好是速战速决的形式。为实现长期目标而遵守严格的纪律并不是他们最大的优势。外向的具体感知与对世界的开放态度相结合，使自由部长能够不断寻找新的、有时是极端的体验。他们能彻底活在当下，并因此散发出活力和生命力。

○ 工作 ○

自由部长会在技术和手工制作等行业取得很大的成功，社交领域则对他们没有什么吸引力。他们喜欢摆弄工具，比如当外科医生或木匠。他们讲求客观而实际的头脑使他们更倾向于实用或需要用逻辑解决问题的工作。由于他们是实感型，因此不畏惧细节工作，通常是那种一心钻研细枝末节的人。如果需要，他们会花费数小时或数天的时间埋头苦干，直到问题得到解决。问题是自由部长乐于接受挑战，因为它们为日常工作增添了多样性。过于按部就班会让他们觉得无聊。

他们是优秀的危机管理者，即使火烧眉毛，他们也能保持冷静。不论做什么，他们都注重实用性，几乎不会只为获得理论知识而全身心地投入某件事，因为学习时，自由部长还想知道它有什么用处。他们是善于行动、活在当下的人，脱离实际工作的遥远结果很难激发他们的主动性。

自由部长重视工作条件，他们需要尽可能不受外部约束地自发做出决定，严格的等级制度会让他们感到束手束脚。能让他们印象深刻的是能力而非地位，因此他们不会对权威另眼相看。

处于领导地位的自由部长风格很自由，他们向员工提供必要的信息，但并不规定工作应该如何完成。他们知道，条条大路通罗马。另外，尽可能少做安排，他们自己也轻松。但是，只有结果达标，下属才能享有这种自由。如果他们对员工的表现不满意，也绝不拐弯抹角，他们会直言他们讨厌什么、期待什么。自由部长喜欢担任领导职务。他们不会回避责任，很重视决策权和经济回报。

○ 爱和友谊 ○

自由部长维护的朋友圈小而精，但非常稳定。他们往往与朋友有共同的爱好和兴趣，并因此建立联系。另外，他们不太愿意没完没了地聊人际关系和情感问题。对他们来说，友谊纽带是共同的经历。他们会给朋友制造小小的惊喜，表达情谊。

这同样适用于他们的浪漫关系：只有无法逃避时，自由部长才会谈论自己的感受。他们认为，共同的经历足以说明一切，不用再“啰唆”。当伴侣对他们表白时，他们会不舒服。对于这种情况，他们的行为清单里根本没有合适的选项。恋爱的时候，自由部长很细心，很关注伴侣的喜好和愿望。他们用充满爱意的小事给对方惊喜。这就是他们表达爱意的方式，而不是甜言蜜语。

自由部长非常热爱自由，在恋爱关系中也是如此。如果留给自己的时间太少，他们很快就会感到束缚，然后开始悄悄撤退，直到他们内心平复下来、重新唤醒对亲密关系的需求。就他们而言，如果伴侣也需要个人空间，他们同样会宽容和理解。

自由部长恋爱用心也用脑。即使迅速坠入爱河，他们仍然是现实主义者。他们会分析伴侣是否适合自己，并且不会忽视关系中的问题。如果对方的缺点过多，他们就会务实地结束关系。保持独立性对他们来说根本不是问题，问题反倒是他们回避依赖。他们进入关系的速度很慢，一开始总是留有余地，必要时会再次恢复单身。自由部长的性情注定他们特别害怕承诺。如果想赢得不愿承诺的自由部长，就千万不能用情绪爆发和“作”吓跑他们，要有很多耐心、理解和冷静、充满爱意的关注，才能让他们变得更加“温顺”。然而，解决问题的办法并不一定掌握在伴侣的手中，将自己归类为害怕承诺或认为自己只是没有找到合适人选的自由部长（害怕承诺的人的常见说法）应该关注这个问题。阅读能给出建议的书籍或寻求专业帮助，可以减少他们对承诺的恐惧。

○ 为人父母 ○

自由部长很少强加给孩子规则和外部约束。只要是在一定的范围内，他们就是宽容、温和的。不过，他们的态度绝非冷漠，而是开明。对于孩子的发展，他们没有明确的目标。在抚养孩子方面，自由部长也不会制订长期计划，而是根据情况的需要灵活地做出反应。他们只关心孩子是否快乐，是否能从生活中创造出意义，走哪条路，则是孩子自己的兴趣和才能决定的。

对孩子来说，这样做最大的好处是，他们可以主动探索、自由发展。然而，潜在的风险则是，自由部长对孩子引导不足，无法提供有效的支持。有时，孩子会因为太多的自由而感到不知所措——虽然他们可以自己做决定，但毕竟还是有点孤独。

在解决实际问题或传授知识方面，自由部长型父母是很好的顾问。然而，他们有时不能很好地理解孩子的情绪问题，这会让孩子有时候觉得他们理智过度的父母不理解自己。

○ 问题与发展机遇 ○

自由部长热爱他们的自由。独立赋予他们的巨大机会在于，他们处理事情非常灵活。然而，如果无法做出任何承诺，无论是工作还是私人的，他们的独立性都会成为问题。尤其是在恋爱关系中，如果自由部长更重视自由而不是关系，他们的伴侣就会没有安全感并感觉受到了伤害。

这就很容易形成恶性循环：自由部长越是感到承诺的压力，就越会退缩以寻求独立，这反过来又增加了来自外部的压力。他们应该反思自己对自由的过度需求，并意识到在一段关系中，他们仍然可以自由决定，因此不必放弃整个关系。然而，他们必须为此做一件自己不喜欢的事情——张开嘴巴说话。他们不能指望伴侣读懂他们的想法，他们应该说出他们在关系中的愿望和需求。只有维护了自己的利益，他们才能在关系中为自己创造健康的自由空间。此外，如果伴侣知道自由部长的退避是因为内向，而不是缺乏感情，就能够更好地应对他们的需求。

自由部长是彻头彻尾的行动者。与此相关的缺点是，他们不擅长自我反省。如果能更深入地研究自己的感受和内在动机，会对他们自己和他们的关系都有好处。为此，他们必须与自己的感受建立更好的联系。尤其是他们喜欢压抑悲伤、无助或恐惧等软弱的情绪，因此他们也很难理解其他人的这些感受。这使他们在某些情况下粗鲁和麻木不仁。他们应该更关注这些感受，并在心里细细体味。我现在感觉如何？为什么我会有这种感觉？通过这种有意识的感知和反思，他们可以更好地认识自己，也可以更理解身边人的感受。这种同理心的练习还可以让他们更有分寸地表达批评。哪怕只是发一点抱怨，他们也太过直截了当了。

他们不怎么委婉，而会简明扼要地说出困扰他们的事情。他们认为事实就是如此，他们的意图是建设性的。然而，他们的结论错了，因为并非所有人都可以像他们一样与一切保持客观的距离。所以，他们会惊讶于自己的客观批评竟会伤害别人。如果他们能更好地感知对方的感受和情绪，将会对他们很有帮助。这样，他们就能克制自己本性的冲动，更加注意身边人的感受。这会让他们在提出批评时更加得体——这肯定会让对方更容易接受。

自由部长的另一个问题是，他们所处的环境和日程安排总是乱七八糟。由于行动的欲望和焦躁不安，他们经常计划太多而低估了所需的时间。因此，他们经常拖延，错过了一个或另一个截止日期。由于时间管理不善，他们会给自己带来不必要的压力。强迫自己制订每天和每周的计划，会对他们很有帮助。这样一来，他们就不会那么心血来潮，而是不得不提前考虑要花费的时间，从而制订更切合实际的计划。此外，自由部长在承诺一个项目或一项事业之前，应该给自己一个短暂的冷静期。这主要是因为，同时做很多事情总是让他们手忙脚乱。他们还应该在每天和每周的时间表中安排打扫卫生的时间，以保持生活和工作环境的整洁。因为混乱不仅给他们自己带来麻烦，也会影响到周围的人。

○ 个人使用说明 ○

- 请让我有足够的时间和空间留给自己！我需要独立自主，否则就会产生逃离的冲动。

- 很高兴你对我和我的想法感兴趣，但请不要催促我解释太多、太快。我希望能时不时地独处，这会让我感到自在。你可以放心，我愿意与你分享对我来说很重要的一切。但我需要一点时间，我只是天性如此——这与你无关。
- 请接受我有时候会很安静地沉浸在自己的世界里。这并不意味着我此刻不喜欢你的存在。
- 我很难谈论感情！在情绪问题上请对我耐心一点。
- 请不要用理论论文来折磨我，我更感兴趣的是某些东西的用途以及它们在实践中的应用。
- 请不要控制我！不要试图让我适应严格的时间表，或者更糟的是，强迫我制订人生计划。
- 我喜欢钻牛角尖！如果某件事激起了我的兴趣，不成功我就不会放手。请给我时间。
- 请清楚地告诉我你的需求！我猜不出你心里的想法。只有你坦率地告诉我，我才能理解你。
- 请不要对我的批评反应太在意！虽然我也许说得有些严厉，但我绝不想伤害你。相反，我想支持你。
- 请意识到，我的行动力和享受当下的能力也会给我们的关系注入活力。

和谐共处的小说明书

你已经读过自己的使用说明了，可能也读了伴侣、家人或朋友的。我希望类型描述让你更了解自己，也许还对自己有一些新的认识。

根据我的经验，某些方面你此前就已经隐约感觉到了，但读过类型描述后才真正形成意识。在许多第一次读到自己性格画像的人身上都能观察到这种现象，我称之为“聚光灯效应”——完全意识不到许多构成和主导自己人格的特征，这其实很正常。大部分特征不知不觉就表现了出来，主要是因为我们对此太熟悉，似乎已经理所当然了。认知自我很有意义，这不仅让人更了解自己是谁，还能知道自己不是谁。因为需要接受、宽容和理解的，正是那些使我们与众不同的特性、行为模式和思维方式。把人们区分开来，因此也造成了隔阂的人格模式，更需要能够相互理解、彼此联结的沟通的桥梁。如果比较两种相反的类型画像，例如创意部长（ENFP）和精确部长（ISTJ），就会清楚地看到他们生活在多么不同的地方——他们的隔阂有多么深：创意部长是理想主义者，他们热情而情绪化地面对人和事物；精确部长是现实主义者，他们有目的且理性地处理情况。他们会怎么看待彼此呢?

创意部长可能会认为精确部长狭隘、孤僻，而精确部长会觉得创意部长喧闹而疯狂。这两种截然相反的人很可能会认为对方是自己的“反类型”。

事实上，性格迥异的人的确很少能成为朋友。他们可能会阴错阳差地结为伴侣，因为众所周知的“性格互补”，但友谊很少如此。人们通常是根据共同点和相似性来选择朋友的。也可以说，人们选择朋友时比选择伴侣更聪明。因为所有关于“同类”或“异类”能否相互理解的心理学研究都表明，“同类”相处轻松得多。

在画像中共享两个及两个以上字母的人通常能结成最幸福的伴侣。人格画像迥异的人在自愿（如在伴侣关系中）或非自愿的（在工作中）相处中，必须对彼此的差异性能很宽容和理解。这就是类型学的一个特殊用处：它可以在两个实际上非常不同的人之间准确地建立理解所必需的桥梁。当然，这不仅适用于性格迥异的人，也适用于仅在一个维度上有所不同的人。仅仅一个维度上的差异就会导致太多的冲突，比如外向型和内向型极为不同的人际需求，或者判断型和理解型在计划和秩序方面大相径庭的需求。达成理解和宽容的第一步是要意识到差异的存在，这不是选择，而是与生俱来的。

只有当人们愿意并能够真正尊重彼此的差异，截然不同的双方才能建立长期而稳定的伴侣关系。因为很多时候你会发现，另一半的特别之处一开始很迷人、很性感，但随着时间的推移，却成为两个人压力和争吵的来源。在日常的亲密关系中，内向型会觉得他外向的妻子令人讨厌和让人疲惫，然而热恋时吸引他的正是她的活泼开朗。虽然判断型开始时觉得理解型的自由和放任令人着迷，在日常相处中却受不了后者的混乱和经常性迟到。情感型的妻子爱上她理智型的丈夫，因为他是如此独立和冷静。一段时间后，她却体验到他的冷酷和特立独行。权力斗争的阶段通常就这样开始了：一方想把另一方改造成自己想要的样子。其实这永远不会真正成功。只有你关注伴侣的长处而不是其缺陷时，两个截然不同的人才能维系良好的关系。每一位“部长”都有自己的才能和优点，也都有各自的缺点。然而，只有当事人自己（而不是他的伴侣）才能克服缺点。我们只能接受对方本来的样子，最好是只关注他的长处。因为我们能真正影响的人只有我们自己，所以建立幸福关系的最佳秘诀是，克服自己的弱点，把感知的光束汇聚在伴侣的长处上。

因此，如果你的伴侣与你的性格类型截然相反，请关注他们的优点，并充满爱意地看待他们的缺点。

我的一个客户——规划部长（ESTJ），嫁给了理论部长（INTP）。她的丈夫在组织事务上的笨拙和不按常理出牌使她发疯。特别是计划和组织是她的强项，所以她无法理解他的特性。于是，我问她喜欢他什么，她回答说："他受到的极好的教育，他向我解释世界的方式！"然后我问，她是否可以平衡他的混乱无序，关注他的长处，而不是对此心烦意乱。她的回答是"可以"。可以看出，光是这个想法就让她释怀了不少。从此以后，她不再徒劳地改造他，反而尽可能地弥补他计划上的缺陷，也放弃了与他争论家庭问题。另外，她很感激他让家里所有的技术设备和电脑都保持最新状态，并用他广博的知识丰富了她的生活。仅仅因为我的客户改变了她对丈夫的态度，他们的关系质量就大大改善了。争吵少了很多，取而代之的是更多的关爱，这对双方的心情都产生了极为积极的影响。而且——真是奇迹，因为她丈夫心情变好并重新得到了她的欣赏，他突然主动试着让自己更整洁、更有序。

根据我的经验，人与人之间的问题大多出现在理智和情感的维度上。情感型经常感到理智型误解了他们、对他们的批评过于严厉，理智型则认为情感型过于敏感且很不理性。如果两性斗争在这个维度上闹起来，问题就会更加尖锐。因此，三分之二的情感型女性常常"经典地"感到，她们的理智型丈夫不理解她们。

根据我的经验，如果能意识到这种差异，两个人就可以更好地相处了。情感型，不论男女，都应该意识到，理智型天生很难与他人共情，但可以在事实层面上提供很大帮助。反过来，理智型可以从情感型良好的社交能力中获益。此外，双方都可以训练另一面来进一步提升自己。也就是说，理智型可以练习细腻的情感和分寸感，而情感型要学会从观察者的视角，经常从外部看待问题，使自己与感觉保持距离。其他维度的差异也可以依此处理。直觉型可以练习开放自己对外部世界的感知并非常仔细地观察，实感型要不断地把自己的目光调到“广角”以把握全局。内向型开朗一些，外向型则仔细聆听。理解型强迫自己更整洁、更有秩序，判断型则减少他们对控制的需要。

重要的是，虽然每种类型都有各自明显的优点（和相应的缺点），但我们每个人的偏好和能力都不可或缺。正如我之前提到的，之所以选择“部长”的称号，是因为它们能趣味性地表明，每一种类型都不能少，否则我们的社会就无法正常运转。每种类型都有自己独特的才能和优势。每个人在我们的群体中都有自己的位置和意义。所有类型都存在，这是进化的意愿。

如果这本书能帮助你更欣赏自己和周围人的优点，更善意地对待自己和周围人的缺点，我会很高兴！毕竟，作为关系部长（ENFJ），我一直在努力让世界变得更美好一点！

参考文献

· Baron, R., *What Type Am I? Discover Who You Really Are,* 1998.

· Bents, R., Blank, R., *M.B.T.I. Eine Dynamische Personlichkeitstypologie,* 1992.

· Berens, L. V, Nardi, D., *The 16 Personality Types, Description for Self-Discovery,* 1998.

· Berens, L. et al., *Quick Guide to the 16 Personality Types, Understanding Personality Differences in the Workplace,* 2002.

· Briggs Myers, I. et al., *An Introduction to Type. A Guide to Understanding Your Results on the Myers-Briggs Type Indicator: European English Version,* 2000.

· Briggs Myers, I., *Gifts Differing: Understanding Personality Type,* 1995.

· Hirsh, S., Kummerow, J., *Introduction to Type in Organizational Settings,* 1987.

· Jung, C. G., *Typologie,* 2001.

· Keirsey, D., *Portraits of Temperament,* 1998.

· Keirsey, D. und Bates, M., *Please Understand Me. Character and Temperament-Types,* 1984.

· Keirsey, D., *Please Understand Me II: Temperament, Character, Intelligence,* 1998.

· Krebs Hirsh, S., Kummerow, J., *Life Types. Understand Yourself and Make the Most of Who You Are,* 1989.

· Kroeger, O. et al., *Type Talk. The 16 Personality Types that Determine How We Live, Love and Work,* 1988.

· Kroeger, O. et al., *Type Talk at Work: How the 16 Personality Types Determine Your Success on the Job,* 1988.

· Kroeger, O., Ihuesen, J., *16 Ways to Love Your Lover: Understanding the 16 Personality Types So You Can create a Love that Lasts Forever,* 1994.

· *Lohken, S., Intros und Extras: Wie Sie Miteinander Umgehen und Voneinanderprofitieren,* 2015.

· Myers, K., Kirby L., *Introduction to Type Dynamics and Development,* 1994.

· Nardi, D., *Character and Personality Type, Discovering Your Uniqueness for Career and Relationship Success,* 1998.

· Pearman, R., Albritton, S., *I' m not Crazy, I' m Just not You,* 1997.

Provost, J. A., *Work, Play and Type,* 1980.

· Sharp, D., *Personality Type: Jungs Model of Typology,* 1987.

· Schwarz Wennig, S., *Optimal Health through Personality Profiling,* 1999.

· Tieger, R D., Barron-Tieger, B., *Do What You Are: Discover the Perfect Career for You through the Secrets of Personality Type,* 1995.

· Tieger, P. D., Barron-Tieger, B., *Nurture by Nature: Understand Your Child' s Personality Type and Become a Better Parent,* 1997.